幹細胞營養學

助高齡老化族群
轉慢性病的健康密碼

者／林佳靜　協同作者／陳昌平

有慢性病只能吃藥打針一輩子？
癌症、失智症真的不可逆轉嗎？
連醫生都趨之若鶩的健康革命，
讓無數家庭找回幸福健康生活，
不可不認識的關鍵密碼CD34！

目錄

推薦序

自序

第一章 威脅人類健康的生活習慣病

第二章 有健康的細胞才有健康的身體

第三章 助人健康的初衷

第四章 幹細胞營養學的應用性與遠景

推薦序一　陳光耀醫學博士

我讀了林佳靜教授的書，也親自到百威集團的生技食品廠，以及宜蘭大學的研究實驗室參觀，對她努力十多年的耕耘成果，能夠應用到市場，而且也能幫助到很多人，我給予她相當正面的評價，值得讚許。

她可以把研發、生產、行銷、教育連結起來，想必是投入相當多超出常人的努力。她將 CD34 活性蛋白（G-CSF + SCF）以微生物在食品工廠大量生產，並且純化出來包埋在微晶球中，以口服營養品的方式，能夠提升自體的幹細胞，對於提升自己的免疫力、修復力、造血力有些功能。目前也有五年病史的乳癌患者案例，一個月兩次化療加一次標靶治療，在長達五年的過程中，伴隨著 CD34 營養品的保養，竟然五年來紅、白血球正常，肝、腎指標正常，口腔沒有潰爛，皮膚沒有變黑。這樣的保養效果真的不錯。

而也有另外的案例，對阿茲海默的風險指數，也有下降及停損惡化的現象。

期許她持續努力，並和醫學中心合作，研究更多案例，將來對於癌病化療、失智症，以及其他慢性疾病，都能夠成為不錯的營養輔助品。這是具有國際性的需求及應用性，相信可以讓老年化、慢性疾病的社會成本降低，讓人們延遲老化，體質更年輕，進而具有足夠的體力，貢獻更多的寶貴經驗和智慧價值，回饋給社會大眾。加油！

中華腫瘤醫學發展協會理事長
陶聲洋防癌基金會董事長
陳光耀醫師、博士

陳光耀

推薦序二　戴勝益董事長

我認識一位繼承家業的中年人，他的工作就是「一直出國」。他去過的國家超過 150 個，他更自認為是個快樂的人，但旁人感覺他是一個無用者，因為他對社會毫無貢獻。

「快樂」、「有用」、「受肯定」七個字，應該是我們活在世界上，值得與否的驗證標準。

「快樂」是有著愉悅的心態與人生觀，能讓自己愉快，也能讓周圍的人開心。

「有用」是指對社會有貢獻、有用的人。也就是對社會加分的。

「受肯定」是得到大家的認同讚許或敬佩。

以上三項必須是「&」而不是「or」，我們都必須努力讓自己成為「快樂+有用+受肯定」的人。

林佳靜教授將他的專業分享大家，從貢獻中找到快樂、有用與受肯定！

推薦序三　張錦貴教授

記得我與佳靜教授的初次見面，是在一場非常嚴謹盛大的活動上，我的學生邀請我到場參加，並客氣地希望我「給予指導」，但對我來說，那是個收穫豐碩的夜晚，因為不僅學習到一個領先時代、人人都需要了解的幹細胞知識，更重要的是能夠跟仰慕許久的佳靜教授認識。

其實早在與佳靜教授碰面之前，我就拜讀了許多她在宜蘭大學所發表的大作。她的研究報告琳瑯滿目，共同點就是對於人類的健康做出莫大貢獻，尤其是在阿茲海默症的篩檢，以及 $CD34^+$ 幹細胞生長因子這兩方面的研究成果，讓我大感佩服。

長久以來，我都將自己的時間及心力奉獻在教育界，以跨國演講、拍攝影片、出版書籍等方式傳達自己的理念，並希望藉此讓更多人能提升心靈能量、端正善意觀念。40 餘年來，我的人生目標一直沒有改變，幸運的是一路上我與許多志同道合的先進、老師們相遇相識，進而成為互相幫助的戰友，結合成廣大的人脈鏈結網。

我必須說，在台灣有非常多有理念、有使命的人，默默地在社會各處以自己的方式積極貢獻，而在此之中，佳靜教授最是讓人敬佩，因為她不僅像學者般樂於分享自己的專業知識，更重要的是她能夠將科學理論轉化成實際能夠給予人們正面幫助的相關產品，並且以合理的價格造福廣大群眾，這是許多人辦不到的事情。真的很榮幸能夠認識這麼一位稱得上是台灣之光的國寶教授。

佳靜教授樂善布施的善心，將幫助父母健康的愛，延伸到社會上的每個人，這樣的大愛值得我們學習，而她的處世態度、領袖風範，更值得我們尊為榜樣。欣聞佳靜教授要將幹細胞及其他相關的研究成果以書籍的方式公開發表，我發自內心感到喜悅，因為這是我們每位讀者的福氣，尤其書中談到許多對現代人來說相當難纏的慢性病，更是對於建立正確健康觀念有實質的幫助。

擁有慈悲心、利他心的佳靜教授，嘔心瀝血孕育了這本精彩無比的好書，所有重視身體健康、重視家人健康的讀者，都應該買兩本，一本自己看，一本送給你心目中最重要的那個人，把這份愛與關心，持續散發出去。

推薦序四　周青麟董事長

人類生活的品質、身體健康、壽命的延長，又即將向前邁進一大步！

用喝的幹細胞？聽過嗎？終於實現了！

話說資質聰穎堪稱學霸的林佳靜博士，有感於婆婆是一個典型的阿茲海默失智症患者，而母親則為巴金森氏症所苦，起心動念希望二位親愛的長輩身體健康，所以傾盡所學數十年，潛心研發出口服的 CD34 活性蛋白幹細胞生長因子，一舉將人類的健康帶進全新境界，這真是大家的福氣。

首先要談到的是細胞的數量。人體的所有細胞加總起來，大約共有 50 兆個，以人體的再生能力的巔峰約是在 20 歲左右。之後，就開始逐漸走下坡了，成為不可逆的一去不回頭，細胞數量的自然流失或因為藥物的減少，進而影響到所有的器官慢慢邁向自然的老化，所幸林佳靜博士已經研發出具專利的「口服激活骨髓幹細胞生長因子：CD34 活性蛋白」只需要 3 到 6 個月的時間使用。快速提升細胞數量，針對受損的器官進行修復動作，又因為口服的平價性與便利性，可以普遍做為營養品使用，來改善人們的健康狀態。

CD34 的生產基地就在好山好水的台灣宜蘭喔，國人自行研發，當然先造福國人，希望大家吸收書中的資訊，進而提升生活品質而使身體更健康。

周青麐壽

推薦序五　官志亮行銷教授

許多擁有萬貫家財之人，在人生走向餘暉之際，遺憾的事或有多寡，但感嘆的大多與健康有關，因為擺在他們面前最大的關口，不再是商場上的拚奪，也不是財富上的較勁，而是健康上的爭取。直至此時，也才更能體會到，惟有健康，才有快樂地享受人生的機會，也才有感受幸福的可能。

或許健康就像一筆帳，彷如無可預知的銀行存款，若年輕時肆意而為，揮霍無度，提領得快，到年老時，恐已乾涸見底，沒了健康；反之，若能撙節用度，注意養生，或許還能持盈保泰；更積極的，若能及早瞭解健康的密碼，時時保健，從科學的觀點是可以再享回春之效，從林佳靜教授多年的研究與臨床上的實證中，便開啟了這個機會，而解開這個身體密碼的關鍵，就是「自體幹細胞」。

我跟林教授是大學同事，雖然我倆同在國立宜蘭大學任教，但因隸屬不同學院而少有互動，會開始熟識是在多年前一次行政會議上比鄰而坐，那時林教授是生物技術與動物科學系主任，而我擔任應用經濟與管理學系主任。會議前的短暫交流換得會議後更多的互動。

那次會議後，林教授邀請我到其實驗室「抗老化生技研究室」參觀，實驗室裡布滿了各式各樣昂貴的設備：流式細胞儀、PCR、螢光解剖顯微鏡、細胞培養箱等，加以多位碩、博士研究生穿梭其間，忙碌地進行各項實驗，讓我這生物科學的門外漢，如劉姥姥入大觀園般大開眼界、眼花繚亂，也讓我對林教授在幹細胞學術領域的卓越成就與豐沛的研究成果感到佩服，也難怪她在相當年輕時就升等教授，並於日後擔任學校的研發長，畢竟科學的領域是實事求是，講求證據，這樣的精神也充分體現在林教授日後所領導的生技公司「百威研發」的各類抗老產品上。

來到林教授的研究室，從研究的起心動念到產品研發，林教授娓娓道來，進一步瞭解到她之所以全心投入幹細胞研究（也稱為再生醫學）的動力，係來自於對母親的愛與不捨（這在林教授這本大作中已有鉅細靡遺的描述，不再贅述），她深信幹細胞具有極高的潛力可用於修復特定的組織或器官，改變多項人類疾病的應對方法。林教授還跟我分享到，人類所有組織與器官都是細胞所組成，數量高達 40 兆到 60 兆個，幹細胞就是原始且未特化的細胞，它具有再生成各個組織器官的能力。

幹細胞的來源很多，包括臍帶血、肝臟、脂肪組織、骨髓等等，隨著年紀的增長，人類新生幹細胞的數量變會不斷地減少，而人體的細胞是有壽命的，大約到了 20 歲後，新生幹細胞的數量便會低於正常細胞老化死亡的數量，此時，我們的器官組織便會開始老化，當持續缺乏新生細胞的補充下，器官組織便逐漸從功能障礙走向衰竭之途。這也就是說人類在 20 歲後就已邁入老化的階段，因此，如何讓我們的身體具備優質的微環境（microenvironment），並產生訊號激活骨髓來製造更多的造血幹細胞，便是逆轉老化與恢復健康的關鍵。

所謂「時間之所在，成就之所在」，在多年苦心研究後，皇天不負苦心人，林教授在幹細胞領域上的積極研究，並整合了她博士班指導教授：榮獲 2008 年諾貝爾化學獎的美國哥倫比亞大學 Dr. MartinChalfie 博士所開發的綠色螢光蛋白應用於多層次乳糜微晶球技術，終獲得令人滿意的成果，研發的產品：「CD34 活性蛋白微晶球」更讓罹患巴金森氏症逾 17 年的母親至今還能逛街買菜，行動自如。

雖然研發的成果頗令人興奮，但產品卻因囿於學校實驗室而無法廣庇於世，於是我問林教授：「為何不讓這樣的產品普及化，來造福更多有緣人？」其實，這樣的想法早已深植林教授心中，於是以「CD34 活性蛋白微晶球」為核心產品的「百威研發」便從大學實驗室、育成中心、宜蘭地區的小工廠，逐漸轉型為一家卓越的生技公司，個人有幸也能在百威研發從成立到成長的階段裡，藉由本身在企業經營與品牌行銷上的所學，略盡微薄之力。

在這段時間裡，林教授的研發成果也真真切切地幫助了我身邊許多的朋友及家人，在此舉出三個我身邊的實際案例跟讀者們分享。六年多前，我擔任荷蘭阿爾托（Aalto）大學 EMBA 台北分校的行銷教授，班上有位同學因母親罹患失智症而苦惱著，在我引薦下，來到宜蘭求助林教授並開始服用「CD34 活性蛋白微晶球」，八個多月後，這位同學的母親再回到台中榮總進行核磁共振，檢查的結果發現原有的病徵已全然消失，這也讓主治醫師感到驚訝與困惑。另一個實例也是一位研究生的媽媽，她因為在台大醫院確診乳癌末期，而在因緣際會下，來徵詢林教授的意見，此時這位媽媽的癌細胞已經轉移到淋巴、肺部跟腦部，心情甚是沮喪。林教授鼓勵她勇敢接受醫院的療程，並搭配「CD34 活性蛋白微晶球」，從當初醫生宣告的三個月生命，至今已逾五年多的時間裡，病況控制的都非常良好。另外一個實例是發生在我自己的身上，我的父親在兩年前突然發生腦中風，在醫院的治療並搭配百威產品下，老人家恢復狀況良好，也很快地痊癒返家修養。諸如此類真人真事的故事不斷出現在我的身旁，歷歷在目，也讓我更能感受到 CD34 活性蛋白微晶球的威力。

在本書中，林佳靜教授偕同陳昌平醫師極為用心，以醫學專業角度為讀者盤點了影響人類健康最深的 28 種生活習慣病的成因、病徵與治療方法。這 28 種生活習慣病包括糖尿病、腎臟病、巴金森氏症、阿茲海默症、腦中風、眼睛退化、癌症、心血管疾病，也包含最近肆虐全球並極可能將與人類共存好長一段時間的的新冠病毒（COVID-19）。顧名思義，生活習慣病就是因為不當的生活習慣所導致的疾病。簡單地說，細胞喜歡規律，當你不規律，它就不正常；當你不正常，它就不健康，就像電影《無間道》的經典台詞：「出來混，遲早要還的」。保持規律良好的生活習慣，避免抽菸、喝酒、吃檳榔、三餐不正常、熬夜、缺乏運動等不良的生活習慣、對生活壓力有適當的紓壓方式，就可以避開走往「疾病」的路，大幅降低心血管疾病、糖尿病、惡性腫瘤（癌症）、腎臟病等這些生活習慣病發生的機率。而當你無法完全避免這些不良的生活習慣而出現各種「亞健康」徵兆時，使用適當正確的保健食品來讓自己活得更健康、更長壽、更年輕，是完全符合預防醫學的觀點。

在本書的第二部分，林佳靜教授也將歷年在幹細胞上的研發成果公諸於世，從 DNA、粒腺體、RNA、蛋白質、端粒酶等細胞的組成結構，運作的方式，到細胞的一生，藉由淺顯易懂的文字與圖片，讓大家能有機會一窺再生醫學與預防醫學的奧秘，也讓讀者們可以瞭解到幹細胞產生的途徑及對於健康改善的神奇之處。對一般非醫學背景的讀者而言，藉由瞭解細胞從新生到死亡的過程、瞭解如何從飲食與生活習慣中來維繫與提升健康細胞的生命力，並瞭解如何藉由食療與保健食品的補充，讓自體的幹細胞數量維持在高峰值，便是讓自己年輕、健康、快樂的根基。

本書第三部分，林佳靜教授細數了對抗老化與幹細胞研究的心路歷程，看到罹患巴金森氏症多年的媽媽與罹患阿茲海默症的婆婆都能保有健康，也對多年辛苦的研究投入感到欣慰。更重要的是，藉由林教授的研究，也讓我們知道阿茲海默失智症是可以事先檢測（相關研究成果已刊載於知名學術期刊並獲得歐、美、日、中、台等多國專利），準確率高達 95.74%，甚至可藉由服用「CD34 活性蛋白微晶球」而痊癒。書末，林教授進一步說明了幹細胞營養學的應用性與遠景，並提供影響中年人身體老化的三大關鍵系統：淋巴系統、血液系統、消化系統，說明三大系統與幹細胞的關係以及正確的保健方式。讀者們可在本書中詳細瞭解 CD34 活性蛋白微晶球的奧秘。

綜觀全書，內容雖然有許許多多專業的醫學名詞，然而知己知彼，百戰不殆，我們對人類身體不能保持無知，身體是誠實的，這群組成你器官組織的數十兆細胞們也會不斷地發出訊號告訴你：它有事了！如果我們能多一點警覺，多一點保健，如同汽車般，注重保養，這輛車子就可以絕佳的稼動率陪伴我們更長更久。面對健康多點心眼，所謂「不養生就養醫生，不保健就住醫院」，千萬別肆意跟身體健康作對，財富滿貫，加官進爵，也換不來身體的健康。期待本書的問梓，可以讓更多人增進對再生醫學、預防醫學的認識，更重要的是如何提升自身健康。

推薦序六　廖峻

聽聞林教授要將幾十年的珍貴研究成果寫成書讓更多人看到，我頭一個舉雙手、雙腳贊成，我相信一定會有很多人在看了教授的書之後改變自己的人生，尤其是在健康這個區塊。我認識教授的時間雖然還不算長，但已經充分感受到她對於「幫助人們健康」有很深的使命感及行動力，她的理念我非常認同，而她的研究、她的專利，更是現階段最新且最強而有力的生技技術，全世界都在討論、都爭相想了解，所以台灣人甚至整個華人圈更應該都要知道。

健康真的是無可取代的寶藏，特別是歷經過重大病症之後，才更能體會健康的重要性。我是在 2018 年時二度中風的，當時雖是小中風，但依舊讓我在醫院躺了 4 個多月，出院後還持續休養了半年，好不容易才回到最愛的戲劇舞台。結果沒料到身體實在扛不住，當時演出也只是曇花一現。

身體的不方便，不僅大大影響生活，更讓我必須退出最愛的演藝舞台，這讓我有很深的感觸，健康真的太重要了。也是因為中風之後無法再行動自如了，我才知道原來自己以前演施公時都演錯了。如果是右腳不方便，拐杖應該要拿在左手，但我當時演出壓根就不清楚，角色設定是跛右腳，而我的枴杖卻拿在右手。健康的人，哪會想那麼多呢。

因為失去過，所以更懂得珍惜。教授的研究及專利技術，在短短時間給了我相當大的幫助，而我也非常樂意、非常榮幸能夠盡一點微薄的力為教授的書做個推薦。這是一本顛覆既有保健觀念的書，教授倡導的是我們的身體本身就具有強大的恢復力，其根源就是來自於幹細胞，只要將體內環境照顧好，並給予正確的訊號，幹細胞就會源源不絕地產生，人自然也就能遠離病魔、擁抱幸福生活。我不是專家，無法說明得很到位，如果你有興趣，一定要好好閱讀這本書。

當了一輩子的藝人，一直在舞台上表演逗大家開心，我知道這是我的使命，也是我願意持續做下去的事情，感謝教授無私大愛的分享與貢獻，讓我有機會恢復健康，相信大家很快又可以看到我生龍活虎地在舞台上繼續帶歡樂給大家。

自序一　林佳靜教授

台灣人很奇怪，吃藥當吃補，尤其是中藥。但是只要是藥，就必須要代謝排毒，卻又不懂如何才能排毒？往往就是吃了藥就心安。自己的身體出什麼狀況時，往往都很會自己當醫生，覺得「睡一覺就好了」、「多喝水就好了」，聽到旁人勸「快去看醫生」，也只會笑笑地回說：「我的身體我自己知道。」然而一旦得知身邊的親朋好友生病了，都會馬上緊張兮兮、關心備至，要不就是四處打聽治療的方法，介紹沒有科學驗證的良藥，要不就是天天嘘寒問暖，送上人參雞精。殊不知熱情的好意，有時候卻是害了自己，也害了別人。

由於傳統教育的關係，基本上我們的內心都潛藏著「委屈自己沒關係，家人遭難就不行」的良善思維，因此我相信很多人對於我所說的情境會深有同感，把家人、所愛之人的健康與幸福放在第一位，自己怎麼樣都沒關係。我自己也是如此。

20 多年前，我發現媽媽患了巴金森氏症，當時的我，真的可以用心急如焚來形容。

那時候我已經在生技領域鑽研了頗長時間，尤其是在抗老化幹細胞方面的研究更是深入。對我來說，幹細胞絕對是人類延緩巴金森氏症惡化的一個解方。儘管如此，但當時整體研究還只是處於動物實驗的階段，儘管老鼠、兔子等動物都得到不錯的數據結果，可是距離人體試驗還有很長一段路要走，想要實際應用在人體上，更是得克服重重關卡與困難，這讓我不禁滿心擔憂，畢竟媽媽的健康不能等。

該怎麼做才能幫到媽媽呢？那段時間我幾乎每分每秒都在思考這個問題。突然有一天福至心靈，我想到「將實驗技術應用在營養品上，透過食品口服的方式讓幹細胞生長因子來刺激幹細胞增生，藉以達到促進健康、改善病情的目的」，如果這樣的想法能夠實現，那麼媽媽就有機會能夠停損腦部的惡化，重新享受生活的品質了。

關於我與媽媽的故事，以及研究過程中的難忘回憶，在後續的章節會有更詳細的說明。簡單來說，就是這樣一個單純的起心動念，讓我開啟了一連串不可思議的歷程。直到目前為止，已經有非常多人透過我的研究成果找回人生的健康與幸福，正因為如此，我更加確定了自己的天賦使命，那就是讓更多人知道啟動健康的鑰匙「CD34 活性蛋白」對人體的幫助。

人類對於幹細胞的研究已經行之有年，許多以前的科技程度難以解開的謎團，如今都有了具體的答案，甚至在臨床應用上，以及營養品的研發上，都有長足的進步。奇怪的是，現代人對於幹細胞的理解還是偏少，甚至有不少人對此保持著抗拒的態度，認為這只是一個噱頭，如果你也這麼想，那就太可惜了。

幹細胞的研究與發展是全球的趨勢，它正快速地改變著現今的醫學觀念與醫療臨床的樣貌，值此關鍵時刻，我期待自己能扮演分享新知、傳遞佳音的角色，透過本書的發表讓更多人深入了解 CD34，並且在不幸得要面對許多難纏的生活習慣病之時，能夠多一個更好、更貼近需求的選擇。

我的研究方向，是透過口服「CD34 活性蛋白微晶球」來刺激骨髓製造幹細胞，這是空前的創舉，同時也開啟了許多可能性。我利用酵母菌進來製造人類序列的 SCF 與 G-CSF 蛋白質，兩者都具有高活性的立體結構，總稱為 CD34 活性蛋白，對於激活骨髓中 $CD34^+$ 造血幹細胞（hematopoietic stem cell, HSC）是具有相輔相成的功能。將二者以微生物在無塵室大量製造，並予以純化，接著使用微晶球來包埋，讓兩者能夠由小腸絨毛的乳糜管吸收，進入淋巴系統，並送到骨髓，激活骨髓製造幹細胞。

為了證明口服 CD34 活性蛋白微晶球在人體的有效性，我前後用了 8 年的時間做了 300 人的臨床試驗，從使用前血液 CD34 平均值為 8 千萬，3 個月後增加為 1 億 5 千萬，到 6 個月後增加為 2 億。另外，在市場上我也做了將近上千人的體驗，都證明了口服的有效性，可以和注射的效果一樣，只是需要 3 到 6 個月的時間使用。因為口服的平價性與便利性，可以普遍做為營養品使用，用以改善人們的健康狀態。關於研究的初衷及細節，在後續的章節還會有深入的探討。

另外，我還有一項發明獲得了多國專利及科學期刊論文的發表，那就是「神經凋亡早期風險指標」（ADRI）。此項指標可以提早預估阿茲海默症 10 到 20 年的發生，並且在人體試驗中證實：以口服方式提高自體的幹細胞，亦能停止神經凋亡的速度。未來我會逐步將這項發明專利推廣到國際上，希望幫助更多人在 40 歲以下就能夠檢查出初期神經細胞的凋亡，並且獲得改善，避免日後產生阿茲海默症等等相關的腦部退化性疾病。

認識我的人都知道，我的婆婆就是一個典型的阿茲海默症患者，而我的母親則為巴森氏症所苦，如果能夠將多項研發成果貢獻給兩位老人家，甚至延伸至全人類的健康，是支持我持續不斷研發及推廣的動力。

本書分成三大區塊，第一是深入淺出地介紹「影響人類健康最深的 28 種生活習慣病」。所謂知己知彼、百戰百勝。在我投入生技領域之後，發現到有不少病友每天照三餐吃藥、準時到醫院回診，但卻不太清楚自己所罹患的疾病全貌是如何？老舊的細胞可以利用藥物來繼續使用，但是如果沒有一些新生的細胞來更替，老舊細胞持續死亡後，藥物也沒有辦法改善了，就是走向生命的終結。疾病是健康的大敵，既然要對抗敵人，當然不能對具有新生力量的幹細胞一無所知。我會以目前最新的生技醫學資訊，搭配我個人的研究見解，帶領讀者一窺生活習慣病的成因與特色。

接下來第二區塊是幹細胞的介紹，也就是我的研究成果，在這個章節裡面，讀者可以看到幹細胞生長因子如何激活骨髓幹細胞新生？又為何能改善健康狀況的種種原因。

第三部分則是我個人對於健康的一些見解，包含研究過程中所發生的故事，以及我這麼多年來投入這個領域的初衷。

最後，我也會介紹幹細胞營養學的概念作介紹，讓大家對於幹細胞的發展及研究能夠更有信心。健康是人生最不可或缺的寶藏，而我們都很幸運，能夠生活在幹細胞研究日新月異的年代。很開心也很榮幸有這個機會將自己的研究成果付梓成書，呈現在大家面前，也希望每一位看了這本書的讀者，都能夠成為散播健康新知的種子，將自己的收穫與心得分享出去，讓生長在 21 世紀的我們，都能夠早一步擺脫疾病的威脅，享受高品質的生活，創造真正的不老傳奇！

林佳靜

自序二　陳昌平醫師

在 50 年前，美國就開始重視預防醫學，筆者有幸在當完兵之後就出國去約翰霍普金斯大學攻讀公共衛生碩士，當時心血管疾病的預防相關研究，係由哈佛大學公共衛生學院所發起的，研究結果將「高血壓、糖尿病與高血脂」列為臨床醫學的重點預防項目。

2019 年底，台大前校長楊泮池（現為中研院院士）提出了「精準健康」的觀點，認為結合台灣的 AI 特點及優良的醫療系統，將可為全體人民提供量身訂製的個人化的預防醫學，這是一個很重要的突破。

自 2000 年基因解碼之後，預防醫學獲得廣泛重視，如今已有相關技術可以透過基因檢測來得知個人是否有脆弱的基因，如心臟病、高血壓、糖尿病和癌症方面的基因。具有脆弱基因的人，可以透過早期規劃、定期健康檢查的方式，讓健康獲得保障，當然也能夠藉著預防醫學的教育及早期診斷來提高治療的效果。

另外，台灣的人口老化程度日益攀升，也是一個重大問題，筆者在 1999 年取得美國抗衰老專科醫師執照，對抗老化有些心得可以跟大家分享。事實上，預防老化的方法非常多，包含自由基理論、端粒酶學說等先進觀念所帶到的保健方式；養成運動及補充營養品的習慣；還有不熬夜、少吃油炸物、均衡飲食等等，都可以達到減緩老化的效果。

然而，上述這些方法只能夠穩定老化，讓身體不再敗壞下去，但卻無法逆轉老化的過程。在 30 年前，醫學界就已經投入幹細胞的研究，一開始研究的方向是以胚胎幹細胞為主，利用胎兒的幹細胞分離、培養、放大數量，然後注射到病人身上，讓病人的健康得到改善。

後續包含臍帶血幹細胞的應用、自體的周邊血幹細胞和脂肪幹細胞的出現，都有很好的效果。可惜的是，相關費用非常昂貴，所以難以普及。

林佳靜博士的口服活化因子，原理是以發訊號的方式刺激骨髓製造造血幹細胞，這是一個空前的創舉。林博士利用酵母菌來製造 SCF 與 G-CSF 的蛋白質，並使用微晶體來包埋，讓生長因子能夠由小腸絨毛的乳糜管吸收，進入淋巴系統到骨髓，進而讓骨髓啟動造血幹細胞的製造。

為了證明這是確實可行的，林博士發起了一個 300 人的臨床試驗，結果證實受試者在使用前血液的 $CD34^+$ 造血幹細胞值為 8 千萬，3 個月後增加為 1 億 5 千萬，6 個月後進一步增加為 2 億。所有實驗的數據，均證實這個方法可以改善甚至逆轉身體的老化狀況，只要大約 6 個月的時間持續使用，就能見到成果，最重要的是門檻不高、平易近人，能讓更多人因此受惠。

健康及數量充足的造血幹細胞，對人體健康絕對是有幫助的，與此議題相關的科學文獻至少就有 800 篇以上。本書是分享傳達 $CD34^{+}$ 造血幹細胞的最新研發進展及預防醫學觀念的工具書，林博士與我會以最淺顯易懂的方式，將艱澀的醫學知識介紹給所有讀者，希望大家都能在閱讀完本書之後獲得正確的觀念，並且懂得如何預防疾病、改善健康狀況，進而活得更快樂、更健康、更長壽。

陳昌平醫師

CH 1

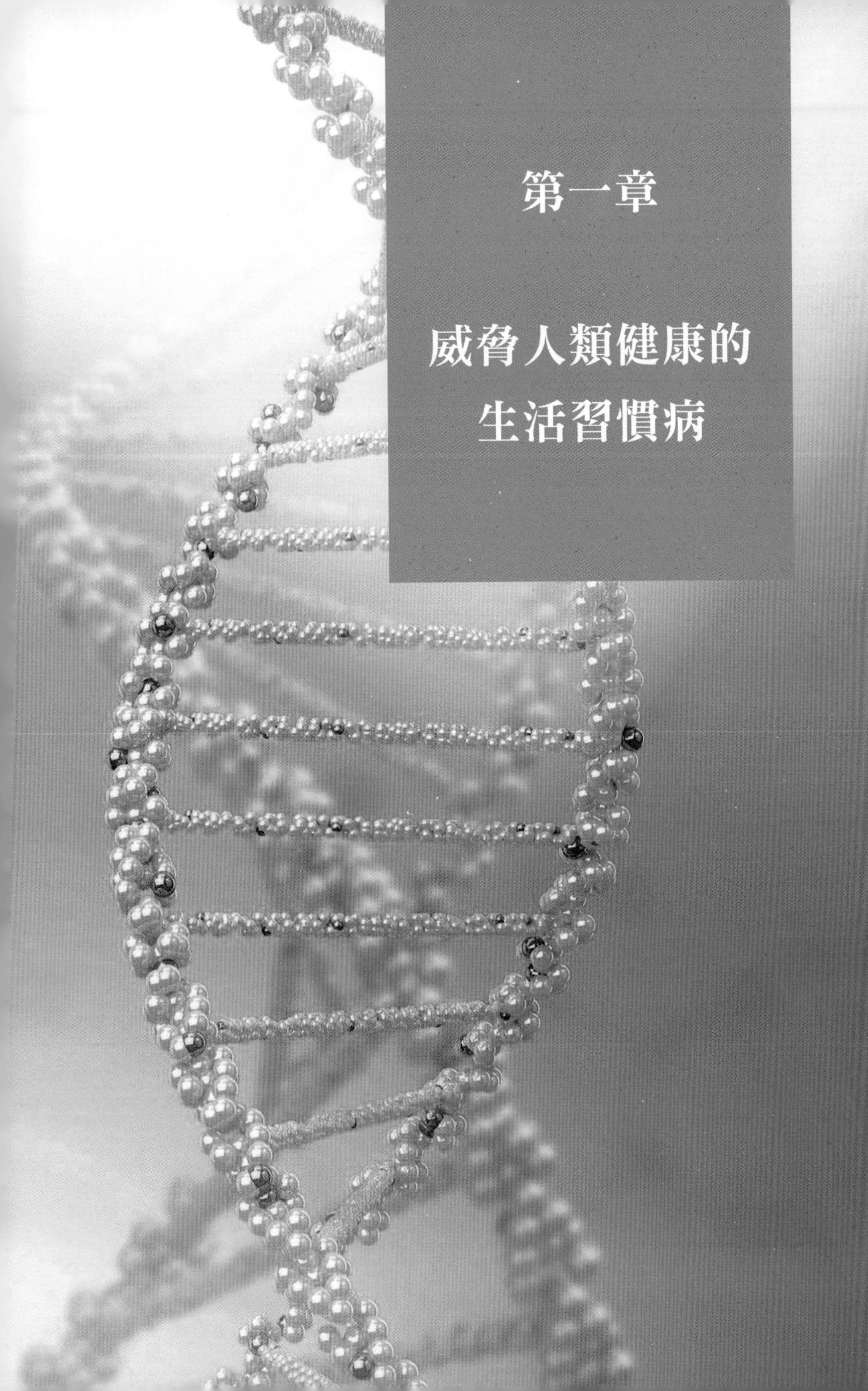

第一章

威脅人類健康的生活習慣病

1-1 生活在健康威脅之中的現代人

「生活習慣病」一詞來自於日本，1996 年，日本統管人民健康的厚生省發現到諸如高血壓、心臟病、糖尿病等等的慢性病或成人病，基本上都跟人們的生活習慣有密切的關係，而且許多疾病影響所及的年齡層一直在降低，慢性病早已不是中老年人的專利，因此特別以「生活習慣病」的名稱來歸納涵蓋，一方面精準定義，一方面提醒人們注意自身的生活習慣。

什麼叫生活習慣病？

只要是由不良的生活習慣所導致的疾病，基本上都可稱之為生活習慣病，舉凡心血管疾病、糖尿病、惡性腫瘤（癌症）、腎臟病等等，均在範疇之中。不良的生活習慣包含抽菸、喝酒、吃檳榔、三餐不正常、熬夜、缺乏運動等，另外像是生活壓力太大且沒有適當的紓壓方式，也被視為釀成疾病的因素之一。

為了提升國民的健康水準，歐美日等先進國家紛紛由政府帶頭提倡良好生活習慣的養成，台灣的衛福部也不例外，除了運動 333（每星期運動 3 次、每次運動持續 30 分鐘、運動時心跳保持每分鐘 130 下以上）、蔬果 579（每日蔬果攝取建議量，男性

9 份、女性 7 份、孩童 5 份）、每天飲水量應達 2,000cc 等等的健康建議之外，也列出判斷代謝症候群的五大標準，讓人們能夠在日常隨時檢視自己的健康狀態。

你有代謝症候群嗎？

1. 腹部肥胖：以腰圍尺寸來當作評判標準，男性腰圍應少於 90 公分；女性應少於 80 公分，若超過則為腹部肥胖。
2. 血壓偏高：正常血壓值為收縮壓低於 130 mmHg；舒張壓低於 85 mmHg。
3. 空腹血糖偏高：正常的空腹血糖數值應低於 100 mg/dL。
4. 空腹三酸甘油脂偏高：正常的三酸甘油脂數值應低於 150 mg/dL。
5. 高密度脂蛋白膽固醇偏低：正常的高密度脂蛋白膽固醇數值，男性不應低於 40 mg/dL、女性不應低於 50 mg/dL。

以上五項中若符合三項，即可判定為代謝症候群。

維持健康很難嗎？

有很多人會問我：「教授，我都已經每天運動了，吃得也很健康，為什麼還是會生病？」像這樣的問題，可以從幾個層面來探討，包含個人的體質、遺傳基因、生活環境、飲食習慣、錯誤觀念等等，不過我想，在這個問題背後所隱藏的一個真實情緒，應該是「不知道還能怎麼辦」的無力感。

的確，我們都知道該如何保持健康，並且盡可能地要求自己符合規範，例如遠離菸酒、飲食力求均衡、再忙也抽空運動、不喝含糖的飲料，甚至還會主動攝取各式各樣的保健食品……但為什麼做了這麼多努力，身體還是會出狀況呢？

其實關鍵就在兩個字——細胞。

人體是由 60 兆的細胞所組成的，有了健康的細胞、供給細胞足夠的營養，我們才會有健康的身體，因此除了維持良好的生活習慣之外，我們還必須要追本溯源，了解細胞的自然運作機制：自然老化、不正常老化、新生的要件等等。

在第二章的內容裡，將會詳細說明細胞與健康之間的關係，不過在此之前要先給大家一個觀念，那就是「上了年紀，幾乎所有人都會老化而帶著亞健康，只是還沒嚴重到釀成疾病而已」。

1-2 我們都不健康，只是還沒生病而已

大多數的人都認為身體的狀態要不就是健康，要不就是生病，所以只要沒有疾病纏身，就會覺得自己很健康。然而，這樣的觀念並不正確，因為在健康與生病之間，還有一大塊的灰色地帶，一般稱之為「亞健康」。

當你時不時會感覺到頭痛、暈眩、腰酸背痛、四肢無力、疲倦，那就是身體給你的警訊，也就是你正處於「亞健康」的狀態。

身體的警訊你接收到了嗎？

亞健康一般並不會有什麼特別嚴重的症狀，所以很容易被忽略。大多數徵兆出現時，一般人並不會特別去找醫生尋求診斷，頂多就是特別疲倦時買個維他命補充一下，或是在各處疼痛產生時吃止痛藥緩解。

當然，短期來看這並不會造成太大的問題，輕微的不適只要「牙一咬」忍著忍著也就過去了，但其實這是很可惜的一件事情。因為身體的各種反應，都是要傳達給我們的訊息，如果我們能仔細聆聽，往往可以預防許多憾事的發生；倘若置之不理，長期下來就有可能因為累積而擴大成為疾病。

現代人幾乎都處於亞健康的狀態，一項以全球為規模的調查顯示，真正健康（第一狀態）的人，只占了所有人類的5%，而被診斷出罹患各種疾病的人（第二狀態）則約占20%，其他75%以上的人，都是屬於亞健康（第三狀態）。

用一個最易懂的例子來說明，我們可以想像這是一場拔河比賽，繩子的兩端分別是健康與疾病，在還沒分出勝負之前，我們可以自行選擇要加入哪一邊。看懂這場遊戲的人，應該都知道該做出什麼選擇，關鍵就在於有很多人「不識廬山真面目」，不僅沒意識到自己的健康正一點一滴在流逝，更不曉得其實逆轉局勢的力量就掌握在自己手裡。

別讓自己陷入慢性疲勞症候群

「沒關係，我睡一覺就好了。」我想很多人應該都講過類似的話，我們習慣將感覺疲憊、頭昏腦脹、食欲不振、過敏感冒等狀況視為正常，相信自己的身體在經過睡眠之後就可以補回元氣，但事實上疲勞是無時無刻都持續在累積的，在形成疾病之前，一切都顯得風平浪靜，甚至健康檢查的各項數據都沒有太大異常，醫生的結論也會是「你沒生病」。

沒生病是對的，但「正走在通往疾病的路上」也是事實。如果我們都能建立起正確的觀念，隨時傾聽身體各處所發出的警訊，或許就能遠離疾病，真正達到健康的狀態。

以下幾點是簡易的「亞健康」自我檢測，大家可以靜下心來思考一下自己符合幾項：

亞健康自我檢測

1. 怎麼睡都睡不飽，睡眠品質不佳
2. 早上醒來總是感到昏昏沉沉
3. 容易出現過敏反應，經常咳嗽、流鼻水、皮膚發癢、肌肉僵硬、神經痛
4. 時不時會有情緒低落的現象，做什麼事都提不起勁
5. 沒有食慾，三餐進食甚少
6. 短期內體重明顯上升或下降
7. 記憶力減退，常會想不起昨天才剛發生的事情
8. 專注力不足，容易分心
9. 消化不良，有便祕或腹瀉症狀
10. 旁人常反應說「你有口臭」

如果有多項符合，請盡快審視自己的生活習慣，並積極採取行動，莫讓亞健康的狀態持續太久。

透過精準健康預防疾病

亞健康的改善之所以重要，是因為現今的醫學技術儘管發達，但還是有相當多的瓶頸，尤其是在面對慢性發炎所造成的種種重大疾病時。急性的感染、發炎、營養失衡等問題，以醫學能量來說都還能完善處理，但大腦退化或中風所造成的癡呆症、半身不遂；心臟及心血管的衰竭；肝臟、腎臟等器官的損壞等等，就幾乎沒辦法逆轉克服了。因此在釀成難以收拾的疾病之前，一定要先做好日常的預防及保養。

健康的三個層次中，最重要的還是占全球人口達七成以上的亞健康狀態，而這也是預防醫學最為注重的目標對象。在從亞健康趨向生病的過程中，透過各種方式讓健康狀態逆轉，就能達到預防的效果，像是疫苗的接種，就屬於預防醫學的一種。這樣的觀念在二十世紀初期被提出來之後，就受到廣泛的推崇與研究，進一步也成了日常保健觀念的濫觴。但是「以新汰舊，長保健康」這樣讓自己產生幹細胞的保養觀念，尚未普及。

隨著科技的進步，預防醫學如今又提升成為「精準健康」，也就是藉由醫療及人體健康相關的各項大數據資料，主動地用個人化量身訂做的方式將「預防」落實在生活中。精準健康的專業化、客製化、個人化，是大健康產業的未來趨勢，也是人類健康獲得更大突破的關鍵。

聽聽陳醫師怎麼說

使用保健食品是預防醫學中非常重要的一塊，台灣在這方面的發展已行之有年，從早期的靈芝多醣體、牛樟芝、人參，一直到現在的植化素、益生菌、活細胞療法等等，可說是百家爭鳴、更擅勝場。

由於科技的進步，我們的生活在近百年來有了大幅度的進化，醫療及保健方面也是如此，這點可以從人類平均壽命的延長看出端倪。科技會為人類帶來便利與變化，這是無法抵擋的趨勢，就如同網際網路的普及一般，現代人能活在網路影響之外的可說是少之又少。面對趨勢，我們應該要快速適應、積極運用，進而讓自己的生活更加舒適美好，切記勿負面看待，甚至排斥抵抗。

運用保健食品來維持健康的身體，也是無法抵擋的趨勢之一。當然我能明白現在仍有一部分的人認為天然最好，應遵循老祖先的智慧而非相信科技化學的產物。傳統智慧我非常認同，但隨著種種外在環境的轉換，我們必須用更為彈性的角度來認識及擷取先人的觀點，不可一昧守舊。舉個最簡單的例子，台灣一直以來就非常重視食補、以形補形之類的觀念，認為吃當令的天然食材就能補充身體所需的營養，然而重點在於現代蔬果中所含的營養成分及其含量，跟以前比起來已經有巨大落差，先人吃一把菠菜就能獲得的養分，現在可能得吃十把、二十把才能趕得上。

從天然蔬果中攝取營養的觀念非常好，但你真的有辦法為了補充足夠的養分而每天吃下大量的蔬果嗎？況且真要這麼做也是非常不實際的，畢竟還有胃酸破壞營養成分、蔬果中農藥及重金屬殘留等等現實的問題。

因此，以我多年來在醫學領域所累積的經驗及做過的研究，我必須負責任地告訴大家，趕快在日常建立起預防醫學的概念，用更開放的心去理解並進一步接受科技所帶來的好處，在最先進的保健食品從旁輔助下，我們都能活得更健康、更長壽、更年輕。

1-3 健康威脅——糖尿病

根據衛福部的最新統計資料（2020 年）顯示，全台灣目前有超過 230 萬名糖尿病患者，將近是每 10 個人之中就會有一人罹患糖尿病，而且每年以新增 16 萬名糖尿病患者的速度在增加，並且照比例來說，糖尿病將影響 20%的老年人，更可怕的是，有三分之一的人還不知道自己得了糖尿病。

如果我們將疾病視為健康的大敵，那麼糖尿病就是命中率高達 10%以上的武器，威力強大不在話下。

形成原因

糖尿病發生的主要原因是胰島素分泌不足，也就是胰臟功能退化。以一般正常人來說，胰島素會把血液中的糖分轉變成能量，整個消化過程簡單來說就是胃先把碳水化合物消化成碎片，經過小腸吸收抵達肝臟，此時胰臟會接收刺激開始分泌胰島素，而胰島素就會把血糖變成能量來維持身體的體力。因此，當胰臟沒有正常工作時，身體的血糖就會出現問題。

另外一種狀況是所謂的「胰島素抵抗症（IR）」，這會讓胰島素的接受器沒辦法傳導胰島素的訊息，造成葡萄糖無法進入肌肉和脂肪細胞，導致血糖升高，這就是第二型糖尿病。

「胰島素接收器」是什麼？

這是個新的觀念，以前認為糖尿病是胰島素分泌不夠，事實上胰島素阻抗更是個重要的因子。胰島素阻抗是病理狀況，細胞無法正常的反應到胰島素，很多糖尿病友自身可以分泌相當好的胰島素，反而出問題的是胰島素接受器。

身體有肌肉及脂肪兩種細胞，肌肉細胞會把血液中的血糖轉變成肝醣儲存起來，或者會把血液中的脂類轉變成脂肪儲存起來。此兩種細胞都具有胰島素接收器，當接受器發炎時，就沒有辦法接受胰島素，因此造成葡萄糖留在血液中，造成高血糖，胰臟的β細胞就會再增加胰島素的產量，造成血液中高胰島素的濃度。一般這種現象會發生在第二型糖尿病或自體免疫疾病上。

胰島素對葡萄糖攝取之影響

Effect of Insulin on Glucose Uptake

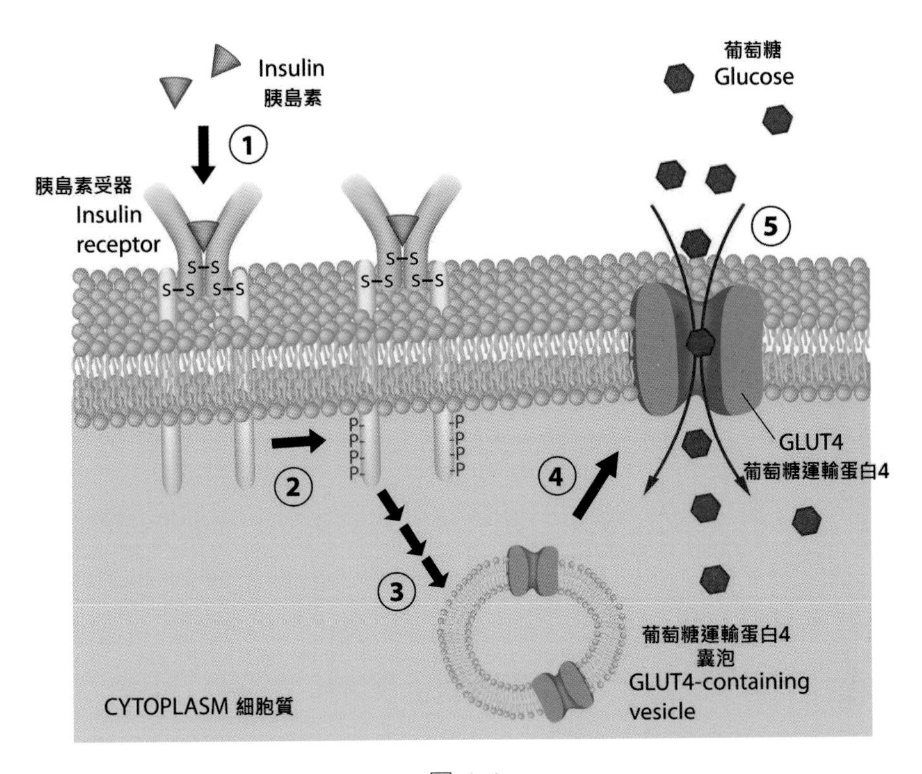

圖 1-1

糖尿病主要可分成四種型態，第一型糖尿病以年輕人居多，占比為 5%左右，主要是由先天或遺傳而來；第二型糖尿病則好發在中年以人身上，是患者人數最多的類型，占比高達 90%以上，主要由後天的不良習慣累積而來；另外還有因懷孕生產而罹患的妊娠性糖尿病，以及因其他疾病而誘發的續發性糖尿病。

由於有 90%以上的糖尿病友都屬於第二型，所以在此就以第二型糖尿病作為各項討論的主要依據。

第二型糖尿病的形成原因，主要是來自於不良的飲食習慣。現代人往往會在日常生活中不知不覺攝取過量的精製糖及精緻澱粉，因此血糖的數值總會在吃東西過後上升，此時胰臟就會分泌胰島素來將澱粉類食物轉換成葡萄糖，作為身體運轉的能量，但當胰島素過高，會加速脂肪的合成。肥胖產生的發炎激素，長期造成細胞老化，而使得製造胰島素的受體能力下降，造成胰島素阻抗性增加，血糖濃度就會飆升，過高的血糖藉由尿液排出體外，形成尿糖。長此以往，全身的細胞會受到血糖過多的傷害，器官的功能性會降低，進而形成糖尿病的各種副作用。身體為了降低胰島素阻抗性，更加逼迫胰臟分泌胰島素，如此惡性循環，胰臟細胞衰老，胰島素的分泌也就不足了。

簡單來說，糖尿病就是血液中的糖分過高，因此在西醫就以胰島素或降血糖的藥物來控制。經過媒體的多方渲染，大家對於糖尿病都感到相當害怕，甚至認為一旦罹患就得一輩子吃藥打針。的確，糖尿病為人類的健康帶來相當大的威脅，但真正可怕甚至會奪走性命的，其實是所謂的併發症，糖尿病本身所引發的高血糖並不會造成死亡，不過低血糖就有可能會危及性命，所以醫師往往會建議施打胰島素的患者，隨時在包包裡備著方糖或巧克力，當藥物讓血糖降過頭的時候可以趕緊補充。

病徵

表 1-1 糖尿病診斷標準

	項目	正常	確診糖尿病
1	糖化血色素	＜5.6%	≧ 6.5%
2	飯前空腹 8 小時血糖	＜100 mg／dL	≧ 126 mg／dL
3	飯後 2 小時血糖	＜140 mg／dL	≧ 200 mg／dL
4	隨機血糖		≧ 200 mg／dL

糖尿病初期症狀通常不明顯，最先出現的是會是口渴、嘴巴乾燥，以及常上廁所，可能每小時都會上一次，還有就是食欲佳卻不發胖。進入中期後，症狀會有頭痛、眼睛模糊、容易疲倦及脾氣不好等，如果到了嚴重的情況，會出現傷口不容易癒合、常常感染黴菌或尿道炎，以及皮膚發癢，尤其在鼠蹊部的地方。

另外，糖尿病也會造成血管和神經的受傷，在性器官方面，會讓病人不容易有性慾及無法達到高潮，女性的病人常常會因為陰道乾燥，有三分之一的患者會有性生活的困擾，在 35% 到 70%的男性病人會有相當程度的勃起障礙。

糖尿病的階段性外顯病徵

- 初期：沒有明顯症狀，但會出現三多一少的情況，三多就是多喝、多吃、多尿，一少就是體重減少。
- 5 到 10 年：會產生眼睛病變，包含白內障、黃斑部病變、視網膜病變等等，嚴重的話甚至會失明。
- 7 到 15 年：腎臟病變，可能會開始需要洗腎。
- 15 年：神經病變，可能會造成觸覺及溫度感覺異常、自主神經病變等症狀。
- 10 到 20 年：足病變，多發性神經病變，多數患者，甚至沒有症狀，往往因足部感覺遲鈍、缺失，受傷傷口癒合不佳才發現。嚴重者須截肢。
- 20 年：血管病變，可能會造成腦中風、心肌梗塞、動脈硬化等症狀。

就像前面所提到的，糖尿病最讓人聞之色變的是「導致多器官損害」，也就是併發症。器官損害是由葡萄糖毒性、組織修復缺陷、炎症，以及幾種造血成分紊亂等原因所引起，嚴重時甚至會帶來死亡。

糖尿病的主要併發症

1. 心肌梗塞。
2. 視網膜的併發症。
3. 腎衰竭。
4. 糖尿病周圍神經病變。
5. 周圍血管併發症，傷口癒合困難。

治療與機會

糖尿病會導致多器官損害，最終使得壽命縮短。器官的損害是由葡萄糖毒性、組織修復缺陷，以及炎症和幾種造血成分紊亂所造成。糖尿病患者少了參與造血、免疫監視和周圍組織動態平衡的循環幹細胞，這有可能是來自於骨髓中的微血管病變、神經病變，或是脂肪沉積及炎症。

以目前的醫療技術來講，糖尿病基本上很難完全治癒，一旦罹患就可能得要做好長期抗戰的心理準備，患者必須調整日常的生活習慣，比方說戒菸、戒酒、戒甜食、維持理想體重、早睡早起、充分休息等等，藉以降低胰臟的負擔，避免糖尿病造成更多併發症。

可控制的危險因子

身體過胖（尤其腰圍超出標準太多）、抽菸、吃太多紅肉及處理過的肉、喜好高油脂的食物及甜點等，都是增加罹患糖尿病機率的危險因子。如果能好好控制這些因子，那麼就能降低患病的風險。

無法控制的危險因子

1. 種族

西班牙後裔、非州人後裔的美國人、印第安人及亞洲人較容易得到糖尿病。

2. 家族遺傳

如果父母或兄弟有糖尿病的話，本身也會增加得到糖尿病的機會。

3. 年齡

45 歲以上會增加得到糖尿病的危險性。

4. 女性

懷孕時容易罹患妊娠糖尿病，如果嬰兒超過 9 磅或者孕婦本身有多囊性卵巢症候群者，更須多加留意。

日常預防

想要預防糖尿病，日常中有幾件事一定要盡可能做到，那就是改善飲食習慣以及養成運動習慣。

1. 改善飲食習慣

食物是個很重要的因子，減少所吃的碳水化合物，包括米飯及甜點、蛋糕、餐前的水果等，

2. 養成運動習慣

運動是治療中最重要的，正常的運動例如走路、伸展都會增加身體使用胰島素，可以降低血糖的濃度，適度的運動可減少身體的脂肪、降低血壓，避免得到心臟病，原則上就是保持前面小節所提到的運動 333，因為研究表明運動會降低胰島素阻抗，每個星期消耗 500 卡的熱量，將能降低得到二型糖尿病 9%。另外一個研究指出，劇烈的運動一個禮拜，可以減少女性得到二型糖尿病達 33%。

無論如何，身心靈的放鬆是最重要的，壓力會讓血壓及血糖值升高，但大部分的人都不重視這件事，甚至有些人會以暴飲暴食的方式來紓解壓力，這反而會造成血糖增加更多。在此建議幾

種最簡單的壓力釋放方式，包括深呼吸、冥想、放鬆、與朋友或家人一起談話等等，若有必要也可找專業人士進行相關的諮詢。

臨床上的治療方式

目前醫學臨床對於糖尿病的治療方式，就是以服用降血糖的藥物或注射胰島素為主，然而西藥能做到的是維持現況，並沒有逆轉的可能，而且隨著病情加重，藥物的數量也會跟著增加，這對身體也是另一項負擔。

如果糖尿病患者無法透過飲食及運動來控制血糖的話，那麼醫生就給予藥物進行輔助，藥物的主要的功用有「讓胰臟分泌更多胰島素」、「減少身體對碳水化合物的吸收」、「減少胰島素的抵抗」等。

胰島素療法

所有第一型的糖尿病患者，和某些第二型糖尿病患者，基本上都需要服用胰島素來幫助控制血糖水平。治療糖尿病的目標是將血糖水平保持在正常範圍內。

每種類型的胰島素以不同的速度起作用，並持續不同的時間長度。

速效藥物如賴脯胰島素（Humalog），起效非常快（5 至 15 分鐘），持續 3 至 4 小時；短效藥物如常規的（R）胰島素，會在 30 分鐘內開始起作用，持續約 5 至 8 小時；另外還有 NPH（N）或 Lente（L）胰島素之類的中間選項，開始工作 1 到 3 個小時，持續 16 到 24 個小時；長效的胰島素如 Ultralente（U）胰島素，不會在 4 到 6 個小時內起作用，但會持續 24 至 28 小時。

幹細胞療法

根據吉安・保羅・法迪尼、斯帝法諾・西里奧特、馬蒂亞・阿爾比耶羅等研究者的研究論文指出，幹細胞療法的確可以運用於糖尿病的治療。糖尿病對全球人類帶來了龐大醫療成本及健康風險威脅，如今已有機會獲得逆轉，而內源性幹細胞生成的最新技術，更是廣大的糖尿病患者一大福音。

聽聽陳醫師怎麼說

幹細胞對糖尿病的治療能提供哪些幫助呢？從 2016 年發表的「糖尿病和糖尿病的循環和幹細胞循環的臨床意義」之中可以看出端倪。這篇文章指出糖尿病會導致多器官損害、縮短壽命，而器官損害是由葡萄糖毒性、組織修復缺陷、炎症及幾種造血成分紊亂所引起的[1]。

糖尿病減少了參與造血，免疫監視和周圍組織動態平衡的循環幹/祖細胞，這種改變可歸因於骨髓中的微血管病變、神經病變、脂肪沉積和炎症，這是以前被忽視的糖尿病終末器官損害部位。結果，糖尿病會損害幹細胞/祖細胞的動員和可用性，進而預測不良後果和死亡[2]。

---

1 通過循環 $CD34^+$ 和 $CD34^+$ $CD133^+$ 幹細胞對二型糖尿病患者的心血管結局進行長期預測。
Long-term Prediction of Cardiovascular Outcomes by Circulating $CD34^+$ and $CD34^+$ $CD133^+$ Stem Cells in Patients With Type 2 Diabetes Gian Paolo Fadini , Mauro Rigato, Roberta Cappellari, Benedetta Maria Bonora and Angelo Avogaro Diabetes Care 2017 Jan; 40（1）: 125-131.

2 糖尿病和糖尿病的循環和幹細胞循環的臨床意義。

因此幹細胞為糖尿病學領域的研究開闢了一條全新的途徑，該領域與血液學和再生醫學密切相關。循環幹細胞有助於組織修復，可以通過治療加以利用。但，昂貴的細胞療法不可能大規模應用。相反，通過內源性幹細胞的藥理學調節開發的智能療法，代表了一種有吸引力且具有成本效益的策略。而口服 G-CSF 和 SCF 可以刺激骨髓製造造血幹細胞（CD34^{+}）以及間充質幹細胞（MSC），也可得到相同的效果，在臨床有成功的案例。

幹細胞對糖尿病的研究

糖尿病人群的心血管風險差異很大，生物標誌物可以改善風險分層。循環幹細胞可預測未來的心血管事件和死亡，但糖尿病人群的數據很少。在這項研究中，我們評估了循環幹細胞水平預測二型糖尿病患者未來心血管結局和改善風險區分的能力。

Concise Review: Perspectives and Clinical Implications of Bone Marrow and Circulating Stem Cell Defects in Diabetes Gian Paolo Fadini StefanoCiciliotMattiaAlbiero First published: 11 July 2016 STEM CELLS.

研究設計和方法

監測了 187 名二型糖尿病患者的隊列，中位時間為 6.1 年。主要結局是發生首次心血管事件的時間，第一次心血管事件定義為三點主要不良心血管事件（心血管死亡，非致命性心肌梗塞或非致命性中風），加上因心血管原因而住院治療。在基線時，我們根據 CD34，CD133 和 KDR 的表達測量了外周血中的六種幹／祖細胞表型。

因糖尿病會造成各器官的發炎、造血功能異常，及微血管病變、神經病變等現象，甚至引發心血管疾病。而骨髓幹細胞的治療，對這些組織的傷害具有修復的功能，並且能降低對生命威脅的風險。

自體細胞治療方法

自發現 EPCs，就認為骨髓幹／祖細胞適用於需要血管再生的疾病的自體細胞治療方法。過去的十五年中，已經使用骨髓細胞治療心血管疾病，包括急性心肌梗塞、慢性缺血性心髒病、心力衰竭、周圍血管疾病和嚴重肢體缺血，進行了多項臨床試驗。大多數研究使用是骨髓單核細胞的混合群體，包含少量幹／祖細胞，而少數研究則使用了特定的細胞群體，例如 $CD34^+$ 或

CD133^{+}。

結論和未來方向

循環幹細胞／祖細胞缺陷的發現，為糖尿病學領域的研究開闢了一條全新的途徑，該領域與血液學和再生醫學密切相關。循環幹細胞／祖細胞有助於組織修復，可以通過治療加以利用。但，昂貴的細胞療法不可能大規模應用。相反，通過口服生長因子方式來刺激內源性幹細胞，代表了一種有吸引力且具有成本效益的策略。

1-4 健康威脅——糖尿病的主要併發症

承續上一小節的糖尿病，緊接著來談由糖尿病所引發的主要併發症，包含周圍神經病變、周圍血管併發症以及眼睛退化。

周圍神經病變簡單來說就是感覺異常，包含四肢麻木、疼痛，睡眠及情緒受到影響，同時走路也會變得困難。根據調查，每四位糖尿病患者之中，就會有一位併發周圍神經病變，而且隨著罹患糖尿病的時間越久，發生的比例就越高，患病 20 年以上的患者幾乎高達 45％以上會產生周圍神經病變。

周圍神經病變

糖尿病性神經病是指與糖尿病相關的各種類型的神經損傷。症狀取決於神經損傷的部位，並且可能包括運動改變，例如無力。感覺症狀，如麻木，刺痛或疼痛；或自主性變化，例如泌尿系統症狀。這些變化被認為是由涉及供應神經的小血管（脈神經）的微血管損傷引起的。可能與糖尿病性神經病相關的相對常見疾病，包括遠端對稱性多發性神經病；第三、第四或第六次顱神經麻痺；單一性神經病糖尿病肌萎縮和自主神經病變。

周圍血管併發症的形成原因及病徵

周圍血管疾病是全身動脈粥狀硬化的一種表現，根據統計，有將近 80%的糖尿病患者死於心血管疾病，就是因為糖尿病對於心血管系統的影響很大。

高血糖可能會損害骨髓、心臟、腎臟，神經和視網膜的結構和功能，並產生負面影響。

微血管病變是慢性高血糖症在糖尿病患者大多數組織和器官中普遍產生的結果。

糖尿病還會在內分泌胰島、大腦、肺、肝臟、肌肉、海綿體、胎盤和 BM 引起微血管病變。這些微血管病容易導致糖尿病患者的嚴重發病率和死亡率。

聽聽陳醫師怎麼說

糖尿病患者出現心血管疾病的比例相當高，根據研究調查顯示，CD34 造血幹細胞數量水平較低的糖尿病患者，產生各種併發症的機率較高，這是因為 CD34 造血幹細胞具有血管再生的能力和促血管生成的潛能，能有效降低心血管受損的狀態。另外，許多研究也證實 CD34 造血幹細胞已經成功支持了心血管性能的恢復，並減少心肌細胞的凋亡，在維持心血管穩定起到關鍵作用。

由此可見，未來在醫學上應將 CD34 造血幹細胞的水平列為評判健康的指標之一。

糖尿病與視網膜病變

糖尿病的另外一個相當常見的併發症，就是視網膜的病變，一般稱之為糖尿視網膜病，可分為：非增生型視網膜病變、增生型視網膜病變、糖尿視網膜黃斑部病變、白內障等等。

眼睛原本就是身體中老化速度相當快的器官之一，若再加上糖尿病的干擾，恐怕照顧起來會更加辛苦。不過，近期有一項研究表明 CD34 造血幹細胞呈現低水平狀態的話，能夠預測出糖尿病患者衍生出視網膜病變及其他腎臟、周圍神經、周圍血管病變的發生，而 CD34 造血幹細胞的增加，則有助於修復組織、改善病症，另一項動物實驗更證實眼睛的玻璃體內注射骨髓的 CD34 造血幹細胞，可促使視網膜歸巢（Homing）及整合，在糖尿病性視網膜病變浮現的時候，對視網膜產生保護作用。

傷口癒合困難

糖尿病如何影響傷口癒合？當一個人患有糖尿病時，傷口可能需要更長的時間才能治癒，這會增加感染和其他併發症發展的風險。良好管理糖尿病的人可以提高傷口癒合的速度，並減少發生嚴重感染的機會。以下是糖尿病會影響傷口癒合的常見因素。

血糖水平

葡萄糖水平升高的結果是損害了許多身體系統。高血糖會導致動脈僵硬，血管變窄和糖尿病性神經病，這是整個身體（尤其是四肢）的神經損傷。這些身體變化的影響導致傷口風險增加，以及糖尿病傷口癒合中的更多併發症。

聽聽陳醫師怎麼說

幹細胞能為視網膜病變提供可行的治療？大多數第 1 型糖尿病患者和 75% 的第 2 型糖尿病患者，都發生了視網膜病變或視網膜血管損傷，導致許多人視力下降。

黃斑是視網膜的一部分，位於眼睛的後部，範圍非常小（直徑約 5mm）負責我們的視覺功能。糖尿病性黃斑水腫是視網膜的腫脹，這是由於糖尿病引起的黃斑內受損血管中液體滲漏的結果。

一般健康的人血管是由循環 $CD34^+$ 幹細胞衍生的細胞不斷再生的，這些幹細胞在骨髓中產生，釋放到血液中，每天大約會產出 9 種不同類型的幹細胞，整體數量約為 50 至 700 億，並產生另一種細胞類型，即內皮細胞，這是所有血管的組成部分。幹細胞和內皮細胞遷移到血管上的病變處並促進修復。但是，在糖尿病過程中，患者的 $CD34^+$ 幹細胞功能失調：它們無法再產生視網膜細胞，或視網膜以及身體其他部位的內皮細胞，或調節受損血管的修復。

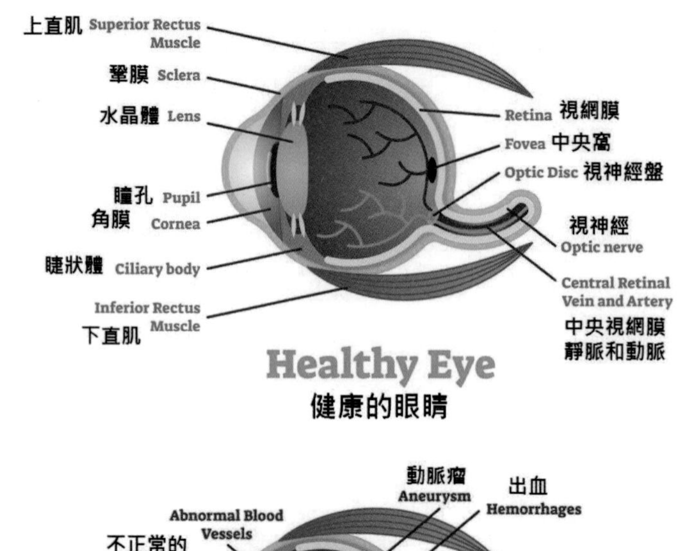

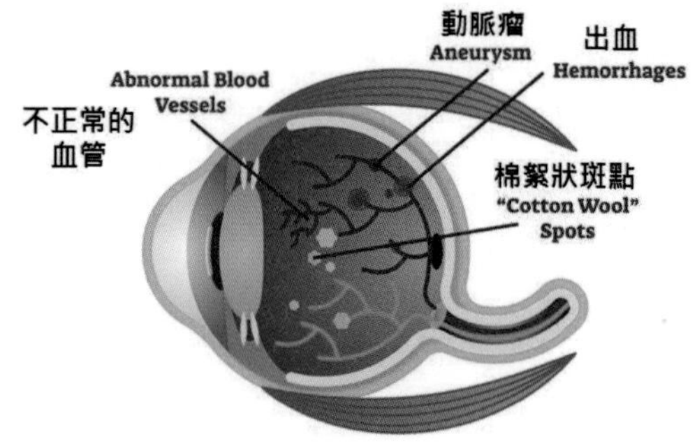

圖1-2 黃斑缺血（血液供應不足）最終可能導致糖尿病性視網膜病變（DR）或對眼後血管的損害。DR 是成人失明的主要原因之一，由於此疾病而受損的細胞和血管，目前並無有效的方法可以修復。

神經病變

當高血糖破壞神經時，會讓神經細胞無法再生。許多糖尿病患者對四肢疼痛的敏感性會越來越低，患者不會感覺到出現水皰、感染或現有的傷口變化，也沒有痛苦來提醒傷口正在加重或被感染。對於許多糖尿病患者而言，只有通過每天仔細檢查皮膚，才能發現自己受傷。但是行動不便會使某些人難以檢查最脆弱的區域，例如腳底。在美國，1,800 萬的糖尿病患者中，約有 15%的人會患上足潰瘍傷口。

流通問題

傷口處的血液循環對於傷口癒合至關重要，由於血管狹窄，糖尿病傷口的癒合受到損害，較少的氧氣可以到達傷口，組織不能盡快癒合。另外，血液循環降低了將營養物質運送到受傷區域的紅細胞的功能，並限制了白細胞抵抗感染的有效性。

免疫系統效率低下

高血糖水平也會降低人體抵抗感染的能力。免疫細胞在糖尿病傷口癒合中不能發揮有效作用，這會增加細菌感染的風險。

慢性炎症

炎症是傷口癒合的自然階段之一，但是在糖尿病傷口癒合中，炎症階段持續的時間通常太長，傷口會變得慢性。在慢性傷口中，膠原蛋白的產生與降解之間的平衡消失了，傷口無法癒合。

感染增加

由於糖尿病患者的癒合速度慢得多，傷口部位開放的時間更長，導致感染的機會增加。不幸的是，患有糖尿病的人患壞疽、敗血症或骨感染如骨髓炎的風險要高得多。實際上，在美國，感染的糖尿病性潰瘍是肢體被截肢的首要原因。

聽聽陳醫師怎麼說

眾所周知糖尿病最可怕的其中一點，就是會讓傷口難以癒合，以及可能的截肢風險。有位五十多歲的女性患者在使用 CD34 活性蛋白後，半年就有非常好的改善。

表1-2

性別	照片	檢測日期	周邊血 $CD34^+$ 造血幹細胞數量
女	A	2020/06/23	1.1 億
	B	2020/12/28	1.8 億

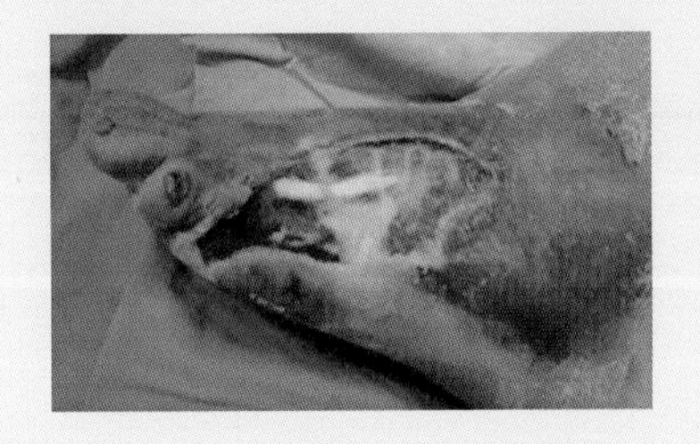

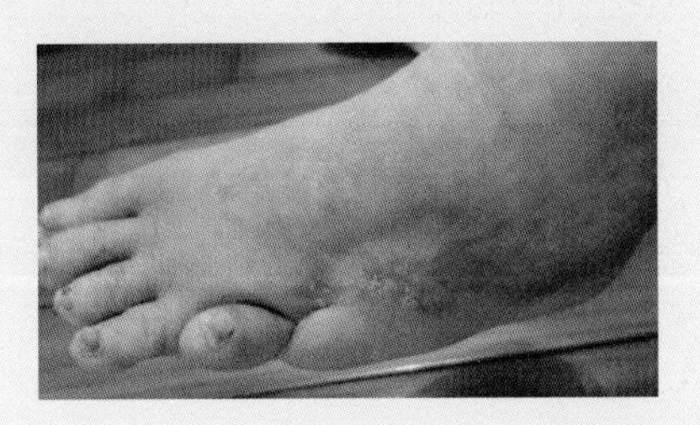

1-5 健康威脅——腎臟病

要談腎臟病之前，我們必須要先理解腎臟的主要功能及其構造。簡單來說，腎臟就是藉由過濾血液的方式來排除體內的老舊代謝廢物，其生成的產物就是尿液，以人體的淨水器來形容腎臟，或許更容易理解。

腎臟功能主要是清除體內代謝廢物，如尿酸、尿素氮、肌酸酐等，而我們平常吃的許多藥物，最後也是經由腎臟排出體外。當然腎臟最重要的任務還有排除體內多餘的水分，也就是將水分過濾後形成尿液排出體外。腎臟每天約要製造 1,000 到 2,400cc

的尿液，藉以維持人體電解質，如鈉、鉀、鈣等正常，以及讓酸鹼度平衡。

腎臟四大主要的功能

排除體內老舊代謝廢物

外來的食物或內在的代謝物，會經由腎臟過濾並生成尿液後排出體外。

平衡酸鹼度、電解質

腎臟可平衡體內的酸鹼度、電解質，以及鈣、磷、鈉等元素的含量，另外還有調節血量及血壓的功能。

調節身體水分

腎臟每天都要協助身體過濾將近 200 公升的水分，過濾完成的大部分水分會回流至體內各處，僅 1 到 2 公升會形成尿液排出。

分泌荷爾蒙

腎臟會分泌腎素、紅血球生成素等。

腎臟所在的位置大約是後腰脊椎兩側，是左右對稱的臟器，每顆腎臟由 100 萬個腎元（腎臟製造尿液的基本功能單位）所組成，每個腎元又包含腎絲球及腎小管。常有人會問「腎剩一顆還能健康生活嗎？」基本上是可以的，因為平常腎臟只動用了30％的功能，所以即使少了一顆腎臟，還是能維持正常的運作機制。這也是電視或電影中會出現許多賣腎、捐腎情節的主要原因。

前面我們提到國人幾乎每十個人就有一人罹患糖尿病，而腎臟病也不遑多讓，而且根據統計，台灣每年在「洗腎」的健保經費就高達 500 億，腎臟病患者的比例在全世界也是名列前茅。

形成原因

腎臟相關疾病有很多，像是慢性腎臟病、急性腎損傷、腎病變、腎發炎、腎囊腫、腎結石等等，而最難纏的莫過於慢性腎臟病。

慢性腎臟病的起因有幾個，主要是老化或家族病史，以及糖尿病所帶來的影響。在 2020 年最新的國人十大死因統計中，糖尿病高居第五位，而腎炎腎病症候群及腎病變則在第九位，兩者都對國人的健康造成莫大的影響。更重要的是，兩者之間又帶有高度關聯性，據統計，有 40%的糖尿病患者會引發腎功能的病變，俗稱「糖尿病腎」，這是慢性腎臟病的主要發病原因。糖尿病腎的自然病史包括腎小球超濾、進行性白蛋白尿，腎絲球過濾率下降，最終出現末期腎臟病。

糖尿病的代謝變化會導致腎小球肥大、腎小球硬化，以及腎小管間質性炎症、纖維化等症狀，這是一個持續不斷擴大的公眾健康問題，在世界各地都是如此。

在慢性腎臟病之中，大約有 20%屬於腎絲球腎炎，這是最常出現在年輕族群的腎臟疾病，其中又以 A 型免疫球蛋白腎病變的發生率最高，也就是所謂的 IGA 腎病變。罹患此疾病會有過多的免疫球蛋白沉積在腎臟，進而造成發炎反應、細胞增生，導致腎臟過濾功能受到影響。

慢性腎臟病的形成原因

1. 先天性腎臟病：如多囊性腎病、遺傳性的腎炎、尿道異常等。
2. 腎絲球病變：原發性腎絲球受損，如慢性腎絲球腎炎；繼發性腎絲球受損：如糖尿病、高血壓、紅斑性狼瘡等。
3. 腎小管間質腎病：如腎結石、腎腫瘤、痛風、尿道或輸尿管狹窄等。

4. 血管性腎臟病：如血管炎、高血壓腎動脈硬化症。

腎臟病檢驗五口訣

泡：目視尿液，檢查是否有血尿、蛋白泡沫尿等情況。

水：按壓下肢觀察是否有凹陷無法馬上回復的狀況。

高：固定測量高血壓。

貧：注意貧血狀況。

倦：疲倦感重。

病徵

在腎臟護理學會衛教資料上，慢性腎臟病的定義是：

1. 腎絲球過濾率（GFR）小於 60 ml/min/1.73m2。
2. 血液、尿液、影像等檢查都顯示異常。
3. 病史達三個月以上。

就醫學的角度來看，無論中醫西醫，腎臟病都是很難處理的，尤其很多人在發現腎功能開始出現問題時才去找醫生，往往都為時已晚，醫生也沒有通天本領能讓腎臟功能逆轉。之所以會如此，主要是因為腎功能衰退初期的症狀一般人很難察覺，包含像是小便有泡、身體有水腫現象、血壓偏高、容易貧血、容易倦怠等等，一旦沒有將這些現象與腎臟功能聯想在一起，可能就會錯失及早治療的黃金時期。

慢性腎臟病分期

第一期：功能正常，但有血尿、蛋白尿之類的問題。

第二期：輕度慢性腎臟病（以上 2 期仍有六成以上的正常腎功能，好好接受治療可望恢復正常。）

第三期：腎絲球過濾率在 44 至 30 之間，屬於中度腎臟病，腎功能僅剩 59% 以下，無法恢復正常，需進行密切治療。

第四期：GRF 在 29 到 15 之間，重度慢性腎臟病。

第五期：腎功能衰退至 15% 以下，並伴隨出現尿毒症狀，須以洗腎方式治療。

那麼，大概到什麼樣的階段，人們才會開始警覺到自己的腎臟可能出問題了呢？

水腫

慢性腎臟病患者臨床最常見的症狀就是水腫，尤其容易出現在眼瞼、腳踝、後背部等處，一旦有水腫現象，經常會伴隨尿液變少、體重增加等狀況。

高血壓

對腎臟病患者來說，血壓升高往往就是病情加重的警訊，不可不慎。

排尿問題

頻繁出現尿急、排尿疼痛等症狀，而且會憋不住尿。

腰痛

腎臟跟肝臟一樣是個沉默的器官，一般若非疾病末期的話，是不太會引起腰部疼痛的，換句話說，如果腰痛是由腎臟病所引起，那麼恐怕情況已經相當嚴重。

尿少或甚至沒有尿

正常來講每天尿量少於 400 毫升就算少尿了，低於 100 毫升更是屬於無尿，表示身體調節水分平衡的機制已經崩潰。

血尿

尿液中出現血紅色反應，即代表嚴重疾病的訊號，無論如何都應盡速就醫進行診治。

泡沫

泡沫增多且久久不散，應是尿中出現大量蛋白，應進行進一步的檢查確認。

罹患慢性腎臟病的十大危險群

1. 糖尿病患者。
2. 高血壓患者。
3. 心血管疾病患者。
4. 蛋白尿患者。

5. 痛風患者。

6. 65 歲以上老人。

7. 長期服用藥物的患者。

8. 具相關遺傳病史。

9. 日常有抽菸習慣。

10. 有代謝症候群或身型肥胖的人。

治療與機會

慢性腎臟病被視為是無法治癒的一種疾病，只能透過藥物之類的醫療方式來穩定病情及避免發生更多併發症，像是因慢性腎臟病所引起的高血壓，一般就會以使用血管張力素轉化酶抑制劑來控制血壓。另外，腎臟病患者也是罹患心血管疾病及中風的高危險群，這是因為患者體內的壞膽固醇量往往都會偏高，可以藉由降膽固醇的藥物來減少心血管疾病發生的風險。

而慢性腎臟病不容易治療，臨床上是以抗生素或抗發炎藥來減少腎臟所承受的傷害。另外，在腎功能惡化加深之後，藉由透析洗腎或移植的方式進行治療的情況也很常見。

慢性腎臟病的治療方式

慢性腎臟病的主要治療目標，是阻止病情向腎衰竭末期發展，傳統上認為慢性腎衰竭只能控制，但近來認為治療讓腎功能稍微上升是可能的。治療原則是儘量針對病因、病狀對症下藥，採取綜合措施，並控制高血壓、心血管疾病、貧血、感染等併發症。

第一級、二級

須合併有蛋白尿、血尿等腎臟損傷狀況，阻緩腎功能惡化，注意糖尿病及血壓的變化，得控制血糖、血壓與飲食，並於每半年進行一次腎功能檢查，一般來說只要遵照醫囑，大致上都能穩住腎功能。

第三級

進入到中度慢性腎衰竭，須積極配合醫師治療，以減緩腎功能惡化。同時也須進行末期腎臟病、慢性腎衰竭的合併症等症狀的預防及處置。

第四級

重度慢性腎衰竭，也就是第五期的腎臟病變，須選擇接受腎臟替代療法之模式。

第五級

末期腎臟病變，GFR 每分鐘小於 15 毫升，須採行血液透析、腹膜透析、腎臟移植等替代療法。

藥物治療

1. 血管緊張素轉化酶抑制劑：不但能降低血壓，而且可減少蛋白尿及延緩腎損害進展、減緩 GFR（腎絲球過濾率）及腎功能的降低。
2. 血管緊張素 II 受體拮抗劑（又譯血管緊張素 II 受體阻斷劑）：除具心血管保護作用外，還有良好的腎臟保護作用，且該作用獨立於降壓作用之外，可延緩糖尿病腎病和非糖尿病腎病的進展。
3. 紅血球生成激素：用於治療慢性腎臟病患者的貧血症狀。
4. 活性維生素 D3（Cholecalciferol）：被認為具有減少患者蛋白尿的作用。
5. 適量抗生素或其他抗菌藥物：用以在患者自身免疫系統功能降低情況下防治病菌侵入、感染。
6. 特殊的活性炭：口服特殊的活性炭，可以在腸道中選擇性的吸收有害物質，減少尿毒癥狀及腎臟負擔。

7. 末期腎病治療：血液透析、腹膜透析、腎臟移植。

飲食及營養的調節建議

在早期，患者每日進食的鹽、油、糖用量需要控制，並盡可能增加飲水量，由於減少動物性蛋白的攝取比例可以減緩糖化終產物，所以有些研究報告也指出減少動物性蛋白的攝取對維持腎臟功能會有幫助，尤其是減少紅肉及加工肉品的食用，正面效益最為明顯。

腎功能小提醒

1. 喉部、扁桃腺等發炎鏈球菌感染時，治療所使用的止痛劑會殘害腎臟，未經處方嚴禁使用。
2. 暴飲暴食有害腎臟健康，須極力避免。
3. 未經醫師開立處方即亂服成藥，可能會對腎臟功能造成傷害。
4. 婦女懷孕前作腎臟功能檢查，可避免尿毒症之發生。
5. 常喝水、不憋尿，患有高血壓、糖尿病者要做好病情控制。
6. 飲水謹慎，多喝標準無污染的水，不要喝成分不明的井水或河水。

7. 有任何腎臟問題還是要去看醫生，尋求專業協助。

什麼是洗腎？

台灣是世界上洗腎人口最多的國家，為什麼會如此呢？主要原因有老年人口多、用藥習慣不佳、全民健保的全額補助、腎臟移植率低等等。

當腎臟失去了大部分的功能（15％以下），無法協助身體排出毒物廢物，導致過多該代謝掉的體液在血液中堆積時，就需要以洗腎的方式來維持身體的正常機能運作。

洗腎正確的名稱是透析，可分成血液透析及腹膜透析兩種，兩者的不同之處有：

表 1-3

	血液透析	腹膜透析
原理	用儀器將血液抽出體外，過濾掉廢物及多餘的水分之後，再輸回體內。	以腹膜（腹腔中包覆臟器的薄膜）為過濾介質，透過注入透析液來將體內的廢物及多餘水分吸收後，再將其排出。
主要透析液體	血液透析	透析液

	血液透析	腹膜透析
次數	每周 3 次，每次 4 到 6 小時	每天 4 到 5 次，每次約 30 分鐘
進行方式	需在專業場域進行，由醫護人員協助操作	可在家由患者或照顧者進行操作

洗腎是為了將體內的廢物、毒物及多餘的水分排出，但同時也會流失蛋白質，所以營養的補充對洗腎患者來說相當重要。

幹細胞為慢性腎病開闢新的途徑

2020 年發表的「慢性腎病患者腎內動脈自體 CD34+ 細胞輸注的安全性和有效性：一項隨機，開放標籤，對照的 II 期臨床試驗」，文中指出幹細胞療法可有效保護器官免受缺血、缺血再灌注損傷、動脈粥樣硬化相關的內皮功能障礙、敗血症和急性呼吸窘迫綜合症的侵害。

有報告[3]指出，以循環衍生內皮祖細胞治療，可以增強血管生

3　慢性腎病患者腎內動脈自體 CD34+ 細胞輸注的安全性和有效性：一項隨機，開放標籤，對照的 II 期臨床試驗，楊志超、裴培成、鄭本中、李以晨、陳宜玲、李梅、葉漢康，2020 年 4 月 16 日，https://doi.org/10.1002/sctm.19-0409。資助信息：長庚大

成和血流量與 CKD，保留殘餘腎功能的影響，以及抑制氧化應激，炎症和纖維化。

這篇文章的結論是，在 $CD34^+$ 細胞治療後的 12 個月，改善循環肌酐水平，尿蛋白與尿肌酐的比率，以及肌酐清除率。$CD34^+$ 細胞療法是安全的，可改善一年預後，這項 II 期臨床試驗的結果提供了重要的臨床信息，說明腎動脈內輸注自體外周血 $CD34^+$ 細胞對慢性腎病患者的改善影響。

這份研究報告是以針劑施打的方式注入間充質幹細胞，而口服 G-CSF 和 SCF 可以刺激骨髓製造造血幹細胞（$CD34^+$）及間充質幹細胞（MSC），也可得到相同的效果，這在臨床上已有成功的案例（圖 1-3）。

慢性腎臟病（CKD）仍然是一個主要的和不斷增長的全世界公眾健康問題，它的最終發展至終末期腎病（ESRD）的，而且由於高發病率和死亡率通常與患者相關 CKD 因其他疾病而住院。

而幹細胞療法可有效保護器官免受缺血、缺血再灌注損傷、動脈粥樣硬化相關的內皮功能障礙、敗血症和急性呼吸窘迫綜合症的侵害。因此，對腎功能的修復，出現一個新契機、新療法。

學長庚紀念醫院。

肌酐酸	使用前	使用後(6個月)
病人A	0.87	0.73
病人B	1.06	0.89
病人C	0.96	0.86
平均值	0.963333333	0.826666667

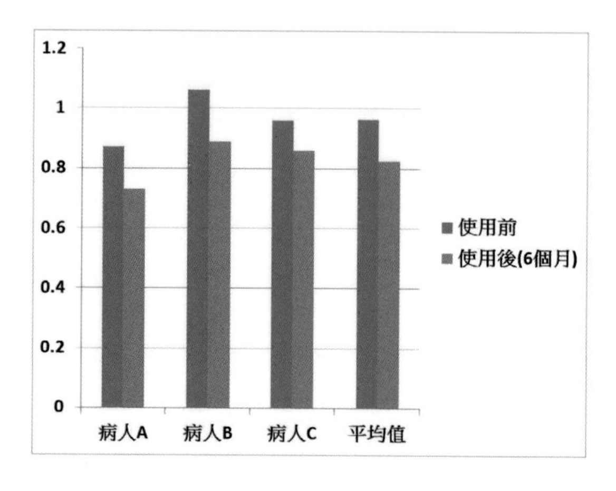

圖 1-3

1-6 健康威脅——癌症

癌症是每個人都會聞之色變的重大疾病，深深影響著人類的健康，尤其是在台灣。自 1971 年以來，癌症一直位居台灣頭號殺手。台灣最常見的四種癌症是大腸癌、肺癌、乳腺癌和肝癌。

癌症嚴重危害國人身體健康，根據國健署的統計資料顯示，2018年新發癌症的人數為 11 萬 6,131 人，比 2017 年多了 4,447 人，癌症時鐘也因此快轉了 11 秒，加速到每 4 分 31 秒就有 1 人確診罹癌。這是非常可怕的數據，可怕之處在於，儘管癌症從發現迄今已經經過相當長的一段時間，甚至古埃及人及古希臘人都有研究癌症的相關文獻。不過，隨著醫療技術以及抗癌藥物的蓬勃發展，罹患癌症不再等同於被「宣判死刑」，只要能夠早期發現、儘早治療，生命年限及生活品質不但有機會幾與常人無異，甚至是有治癒的可能。

然而患者的增加趨勢卻沒有減緩，每年全球因癌症而離世的人也還是居高不下。以台灣來說，早年罹患癌症可以說是大事，新聞媒體還會以此為題大篇幅報導，但到了現在罹癌似乎變得稀鬆平常，每個人周遭或多或少都會有家人或朋友是癌友，像標靶、栓塞、開刀、免疫療法等等的醫療用語，大家也幾乎都耳熟能詳，而近年來因為生技產業蓬勃發展，因此可以幫助人類對抗癌症的保健食品也如雨後春筍不斷推出。但是，人類真的有機會戰勝癌症嗎？我想這是全世界都在關注的議題。

形成原因

癌症又名惡性腫瘤，簡單來說就是細胞不正常增生所帶來的產物，若是增生細胞不會侵擾身體其他器官或部位，就稱為良性腫瘤，但要是有侵犯現象，或甚至藉由淋巴及循環系統轉移，就是惡性腫瘤了。

過度增生的細胞群團聚，不依循正常的生長規律並且壓迫影響到周遭的組織或器官，進而帶來健康及生命的威脅，這就是癌症。

形成癌症的原因相當多，根據統計資料顯示，抽菸是最常見的原因，另外像是酗酒、肥胖、日常缺乏運動、飲食習慣、熬夜等等，也都有可能導致癌症，這是屬於內在的因素，另外還有外在環境的因素，包含空氣汙染、水質汙染、黑心食品等等。

由於癌症對於人類健康的威脅真的太大了，因此就有不少科學家針對癌症的成因進行深入的探討與研究，如今也追到了基因，研究發現癌症發生的原因可能與 DNA 的突變有關，也就是基因在轉譯為蛋白質的過程中受到干擾。會讓基因產生突變的物質目前定義為「致癌物質」，大家可能會在一些健康小常識裡頭看到「醃漬及煙燻的食品盡量少吃」，主要就是因為科學家發現這類食品之中的「多環芳烴」屬於致癌物質，吃多了會對身體帶來負擔。

在此歸納一下，癌細胞是由正常細胞受到致癌物質的刺激影響蛻變而來，簡單一、兩句能說完的過程，中間其實需要相當長的一段時間，平均來說，正常細胞受到致癌物質的影響後，兩天左右會轉變成癌症的初始細胞，接著要經過多年以上的持續催化，才可能再進一步衍生成前期細胞，此時也還不是真正的癌細胞，還會經歷幾年的突變過程，最終才會形成癌症。因此我們可以知道，癌症的發生並非一朝一夕，需要長時間的醞釀，也就是不良的生活習慣或環境要持續十年以上才會形成，在這段癌化的過程中，我們都有機會進行預防及逆轉，所以醫界才會如此強調預防的重要性。

病徵

癌症依照發病的位置不同而有不同的名稱，台灣最常見的癌症有大腸癌、肺癌、乳腺癌、肝癌等。

若以男女分開來看的話，男性癌症好發前三名是大腸癌、肺癌及肝癌，而女性則為乳癌、肺癌及大腸癌。

由於國人的健康意識逐漸提高，快速篩檢的技術也日益成熟，所以能夠早期發現並進行治療的人數比例也開始增多，存活率也逐年提升。但無論如何，能在細胞癌化之前就提早預防，才是保持健康的根本之道，國民健康署也建議大家要遵守「戒除菸、酒、檳榔」、「均衡飲食」、「規律運動」、「控制體重」、「定期篩檢」五大原則，藉以遠離癌症。

表1-4 台灣十大癌症排名（男女合計，2018 年）

排名	種類
1	大腸癌
2	肺癌
3	乳癌
4	肝癌
5	口腔癌
6	攝護腺癌
7	甲狀腺癌
8	皮膚癌
9	胃癌
10	子宮頸癌

每一種癌症的病徵都各不相同，比方說最常見的大腸癌，罹患後會有血便、腹絞痛、體重減輕、腹脹及便秘、貧血等症狀；乳癌的症狀有胸部出現腫塊、皮膚搔癢、乳頭或乳房凹陷、乳頭出現不明分泌物等等。另外，在台灣早期曾多年盤據排行榜前幾名的肝癌，則是有黃疸、腹水、右肩或右上腹疼痛、噁心嘔吐等症狀。

治療與機會

就像前面所提到的，癌症對人類的健康影響很大，因此人類也卯足了全力在進行抵抗，多年來的努力已展現成效，無論是開刀或放、化療，都已經相當成熟，其他西醫體制外的療法也有不少。

目前癌症治療的重點方式

外科手術

直接開刀切除遭癌細胞侵侵襲的組織。

放射線療法

用照射放射線的方式殺死癌細胞，但同樣的也會對健康的部位帶來影響。

化學治療

利用口服或注射藥物來殺死及抑制癌細胞，由於化療藥物主要針對的是快速分裂的細胞，所以身體的毛髮包含頭髮在內都會受到影響，不過掉髮只是暫時的現象，結束療程後頭髮及全身毛髮就會再長出來。

免疫療法

重新活化身體的免疫功能，並給予癌細胞特殊的生物標誌，讓身體用自己的免疫系統將癌細胞殺死。

標靶治療

針對特定癌細胞基因病變所研發出來的藥物，能將治療範圍鎖定在癌細胞上，效果佳、副作用小。

聽聽陳醫師怎麼說

在治癌的過程中，不管是化學治療或是其他標靶免疫療法，都會傷害到骨髓，造成「骨髓抑制症」。化療是有效的抗癌藥物，能隨著血液循環到達癌細胞，進入癌細胞後抑制它們的生長，使其萎縮甚至消失，達到治療的目的。然而這些化療藥物也會作用於體內其他快速分裂的細胞，例如：骨髓、腸胃道、生殖系統和毛囊等，所以這些器官較易受到影響，常會引起骨髓抑制、噁心嘔吐、腹瀉、不孕或是掉髮等副作用。

骨髓是身體內主要的造血組織，化療後幾乎都會產生「骨髓抑制」，會引起白血球、紅血球及血小板數目降低的副作用。下降的程度與時間，會因藥物的種類、劑量、病人的骨髓功能及造血細胞對藥物的感受度不同，而有很大的差異。大部分化療藥物，使用五至四天後會造成白血球及血小板數目開始下降，最低點約在七至十天發生，二至四周後會恢復，這也是為什麼大部分具有骨髓抑制毒性的療程會間隔三至四周給予的原因。部分藥物（如：亞硝基脲素 nitrosourea）可能會造成延遲性骨髓抑制。

骨髓抑制的症狀

紅細胞低下降

骨髓是紅血球生成的地方，這個過程會因骨髓抑制而減慢或停止。紅細胞計數低會導致疲勞、頭暈、虛弱、皮膚和指甲床蒼白、心跳加快和呼吸急促。因數量少也會引起類似血管阻塞的症狀，如心絞痛。若出現嚴重貧血，必要時醫師也可能讓病人輸血或給予紅血球生成因子（EPO）來治療。

白血球下降

白血球主要的功能是抵抗外來的細菌並保護身體免於感染，因此一旦白血球的數量減少，身體就容易受到感染，而感染的風險也會隨著白血球下降程度越嚴重而增加。當白血球降低時，病人不會有自覺症狀，多半在發生了感染時，才會出現相關症狀，例如發燒或發冷、咳嗽，切口或膿瘡周圍發紅、腹瀉或排尿疼痛等。一般白血球大於 3,000 到 4,000/mm3 以及血小板大於 100,000/mm3 情況下，可安全接受下一次的化學治療。如病人在施打化療的期間白血球數一直下降，醫師可能會暫停病人接下來的化療或調低藥物的劑量。若病人的白血球計數過低，醫師可能會給予白血球生長因子（G-CSF），藉以促進白血球的生成。

血小板下降

血小板下降會導致出血，症狀可能包括淤青、流鼻血、月經期過長、尿液或糞便中出現血液、無法止血的傷口等等。如果有血小板低下的症狀時，應避免產生傷口，例如：刷牙時使用軟毛牙刷，避免傷害牙齦而流血。若是病人血小板的數目下降到一定程度，醫師也可能讓病人輸血小板來改善症狀。

幹細胞對骨髓抑制症的幫忙

2020 年發表的「免疫細胞促進藥物 G-CSF 是否會降低化學療法在不同癌症中的作用？」一文，指出給予 G-CSF 增加化療的成功率，以及減少癌症的轉移的機會，所以是值得推廣的[4]，這份研究報告是以針劑施打的方式注入間充質幹細胞，而口服 G-CSF 和 SCF 可以刺激骨髓製造造血幹細胞（$CD34^+$）及間充質幹細胞（MSC），也可得到相同的效果，這在臨床上已有成功的案例。

這項研究檢查 G-CSF（白血球生成素）作為預防措施在接受化療的高危和中危癌症患者中的作用。結果表明，預防性 G-CSF 可以使更多患者完成化療，並降低了患者繼發腫瘤的機會。

背景

化學療法用於治療癌症，會殺死免疫細胞（中性粒細胞減少症）。這可給患者帶來進一步的併發症，包括生病太重而無法完

4 免疫細胞促進藥物 G-CSF 是否會降低化學療法在不同癌症中的作用？癌症支持治療雜誌，日期：2020 年 1 月 10 日。

成化療。因此，重要的是要確定和預防中高風險患者的中性粒細胞減少。幾種因素會增加患者中性粒細胞減少症的風險，包括65 歲以上，患有腎臟疾病、心臟病、糖尿病或 HIV。G-CSF 也稱為非格司亭（Neupogen），是一種可以提高免疫細胞水平的藥物，可以在化療劑量前給患者以預防中性粒細胞減少。尚不清楚預防性 G-CSF 是否會增加完成化療的各種癌症類型的患者人數。

方法與發現

分析了 22,868 例接受化療的患者。11,513 例乳腺癌，4,273 例肺癌，3,765 例結直腸癌，2030 例非霍奇金淋巴瘤和 1,287 例卵巢癌。有 36.8%是中性粒細胞減少症的高風險，而 63.2%被認為是中度風險。預防性 G-CSF 占 76.1%的高危患者和 28.2%的中危患者。在中等風險者，接受 G-CSF 後有 20.2%發生繼發性腫瘤，而未接受 G-CSF 的患者為 35%。

給予 G-CSF 的方法有兩種：直接注射和體內注射裝置。使用體內注射裝置的患者中有 60.6%完成了所有化療週期，而使用直接注射的患者中有 52.2%完成化療。

結論

預防性 G-CSF 可以增加完成化療的患者數量，從而減少繼發性腫瘤的發生。但當預防性 G-CSF 的使用不足時，竟會提高風險。

1-7 健康威脅——心血管疾病

心血管疾病（英語：Cardiovascular disease，縮寫：CVD）指的是關於心臟或血管的疾病。常見的心血管疾病包括冠狀動脈症候群、中風、高血壓性心臟病、風濕性心臟病、動脈瘤、心肌病變、心房顫動、先天性心臟病、心內膜炎以及周邊動脈阻塞性疾病等等。

心血管疾病是全球最常見的死因之一，心臟血管方面疾病已成為國人重大疾病之一，心血管疾病與高脂血症及動脈硬化問題有著密不可分的因果關係。大多數的心血管疾病好發於年紀較長的成年人，且男性心血管疾病發作的年齡比女性平均要早七到十年。

雖然男性患上心血管疾病的比率較女性高，但在工業國家這仍是女性的頭號健康問題。在更年期後，女性患病的風險可以比過男性。荷爾蒙補充療法可以減輕部分後更年期的問題，但心血管疾病的患病風險卻似乎因而增加。

心血管疾病預防的關鍵要素是內部細胞防禦系統的適度平衡，包括抗氧化酶、和解毒蛋白質。有些心血管疾病與細胞壓力上升相關，包括動脈硬化（血管堵塞）、高血壓（血壓升高）以及心力衰竭（收縮能力喪失）。動脈硬化是以血管內層功能紊亂為特征的炎性疾病，會導致膽固醇堵塞、血管收窄和血流不佳。

有三分之一的人在第一次心臟病發作就去世，而這些人以前都沒有症狀，這是血管的膽固醇斑塊突然迫使交感神經收縮造成崩潰的結果。

心血管疾病的常見危險因素

1. 年齡。
2. 糖尿病。
3. 高膽固醇血症（高膽固醇水平）及不正常的脂蛋白狀況。
4. 高血壓。
5. 肥胖症。

6. 吸菸及二手菸，空氣污染，肺部疾病，即肺纖維化。
7. 腎臟疾病。
8. 較高的纖維蛋白素原及纖溶酶原激活物抑製劑-1 的血液濃度。
9. 缺乏營養素，如抗氧化劑。
10. 提升的高半胱氨酸，或正常的上半水平。
11. 非對稱性二甲基精氨酸攀升的血液量。
12. 遺傳因素或患上心血管疾病的家族歷史。
13. 缺乏運動。
14. 結締組織疾病，即狼瘡。
15. 濫用酒精或毒品。
16. 對藥物的反應。
17. 憂鬱症。
18. 噪音。

形成原因

讓我們先從心血管疾病看起。基本上發生於心臟及血管的疾病，就屬於心血管疾病的範疇，常見的包含有冠狀動脈症候群、中風、高血壓、心臟病、動脈瘤、心室顫動、心肌梗塞等等。

常見的心血管疾病

冠狀動脈症候群

又稱冠心病，人體內有三條分枝的冠狀動脈在供給心臟氧氣，若有任何一條發生狹窄或阻塞，就會降低心臟的含氧量，進而衍生出其他心血管問題。

高血壓

血壓是血液流動時對動脈管壁所帶來的壓力，心臟傳送血液到動脈時的壓力稱為收縮壓，血液回流到心臟時產生的壓力則是舒張壓。一般來說收縮壓高於 140 mmhg、舒張壓高於 90 mmhg 就可能為高血壓患者，可能會出現的症狀包含頭痛、呼吸困難、流鼻血等等，若長期血壓過高，會提高罹患心臟病、糖尿病、中風等疾病的風險。

心房顫動

指的是心房快速且不規律的跳動，是心律不整的一種。心房顫動會造成血液的流動狀況不佳，進而讓心房內的血液容易凝結，造成血栓、血塊。當血塊隨血液循環流到腦部，可能會堵住腦動脈並導致中風。

心內膜炎

人類的心臟可分成三層，最外層是心外膜，中間是心肌層，最裡面則是心內膜。一般來說心內膜炎是由微生物（細菌或真菌）感染所引起，多屬於急性發炎。

心臟病

種類繁多，有高血壓心臟病、缺血性心臟病、心臟瓣膜病、心臟衰竭、先天性心臟病等等。心臟病常常是突發性的，沒有明顯的預兆，一旦發生就容易造成猝死。

在眾多的心血管疾病之中，最常見的共同症狀就是血管的栓塞。我們的血管內壁經常會堆積脂肪或鈣等等的物質，久而久之血液能夠通行的管道會變得狹窄，堆積物從血管壁上脫落時，也會造成堵塞，同時血管本身也會因此變脆，不再具有彈性。血管變窄或塞住影響血流之後，身體各部位器官及組織得不到足夠的血液及氧氣，自然就會開始出現病變或壞死的症狀。最讓人害怕的心肌梗塞及中風，都是由血管的栓塞所造成。

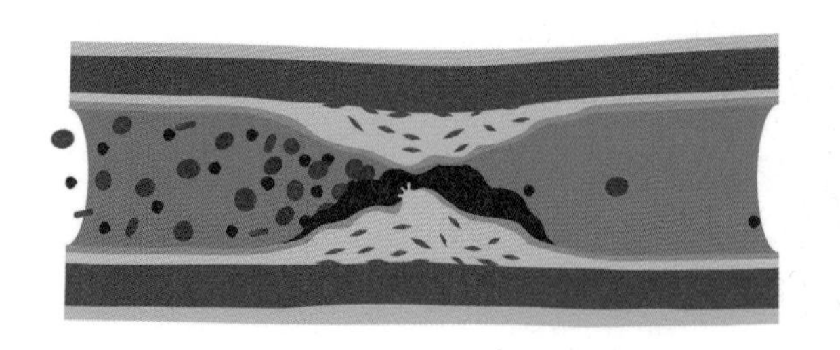
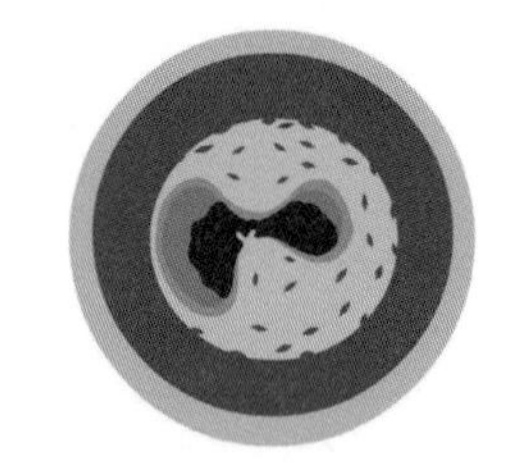

圖 1-4 血栓

心血管疾病的治療與機會

要預防心血管疾病，就要修正前面所提到的風險因素。有些因素，如年齡、性別、遺傳基因及家族歷史等，都無法更動了，但若是經由基因檢測篩檢出心血管脆弱的基因，那麼及早預防則可以有效降低發病機會。停止吸菸也是其中一種最有效及容易修正的因素。

另外，經常性的有氧運動加上健康的飲食習慣，可以改善脂蛋白的水平。如果平常難以做到，可以請醫生開立減低膽固醇的處方，如他汀等，這種用藥亦可以有額外的保護作用；再者，阿斯匹林也是另一種選擇，它可以減低導致心肌梗塞及中風的血凝的形成。這些都是一般給予患有一種或以上風險因素的病人使用的處方。

心血管疾病常使用的藥物及治療方式

1. 抗血小板藥物，如阿斯匹靈。
2. Beta 阻滯劑。
3. 硝酸甘油。
4. 降低膽固醇的藥物，如他汀。
5. 鈣通道阻滯劑。
6. 氣球加寬冠狀動脈（經皮冠狀動脈血運重建可重開、修補或更換受損的血管）。
7. CABG：冠狀動脈搭橋術。
8. 冠狀動脈支架。

在此我要特別將總膽固醇水平這個概念提出來，一般比較少會有人注意到這個數據。研究指出，總膽固醇水平低於 150 的人，甚少患上冠心病，因此朝這個方向努力也是維持心血管健康的好方法，例如每星期至少吃兩次油性魚類，藉以降低猝死或心律不整的機率；使用橄欖油也有同樣的好處。

幹細胞對心血管疾病的幫忙

2020 年所發表的「幹細胞與心臟-未來之路-Stem cells and the heart-the road ahead」一文，指出許多的研究證實 CD34^{+} 細胞已經成功地在心臟和肢體缺血時，支持了心血管的性能，並進一步減少心肌細胞凋亡，在維持心血管穩定有關鍵作用，所以是值得推廣的[5]，這份研究報告是以針劑施打的方式注入間充質幹細胞，而口服 G-CSF 和 SCF 可以刺激骨髓製造造血幹細胞（CD34^{+}）及間充質幹細胞（MSC），理論上也可得到相同的效果，有待臨床上更進一步的探討。

心臟病是全世界人類主要的死亡原因，因為心臟再生肌肉組織的能力很弱。由冠狀動脈疾病引起的心肌梗塞（心臟病發作），會導致心肌丟失並被瘢痕組織替代，甚至心臟的泵血能力會永久降低。

再生療法治療的好處

1. 減少梗塞面積／減少心肌疤痕。

---

5 幹細胞與心臟-未來之路-Stem cells and the heart-the road ahead Charles E. Murry, W. Robb MacLellan1 et al Science 21 Feb 2020: Vol. 367, pp. 854-855.

2. 改善對氧氣的攝入和使用的調節。
3. 進一步減少心絞痛。
4. 患者的整體健康狀況和生活狀況得到明顯改善。
5. 長期益處（≥12 個月），可顯著改善健康狀況和身體耐力。
6. 減少心肌疤痕大小，減少心源性休克的梗塞大小。
7. 改善左心室射血分數，無須再次住院。

1-8 健康威脅——中風

中風、巴金森氏症、阿茲海默症這三大疾病，被視為是老年人的殺手前三名。接下來就分別針對這三項疾病作深入的說明。

首先是中風，由於中風與心血管的健康有相當大的關聯性，因此在這個小節會一併探討心血管相關疾病。

一般來說，只要是腦血管阻塞、破裂等突如其來的成因導致大腦局部或全部功能失調，腦部組織無法繼續足夠的血液灌流，最終失去了對身體的控制，這樣的情況就稱之為中風。

每年的 10 月 29 日是世界中風日，這是由跨國際的團體「世界中風組織」所發起的活動，目的是提醒全人類重視中風，並有意識地在生活中展開預防，畢竟統計數據顯示全世界每四人就有一人會發生中風，唯有積極主動預防，才會有助於降低風險。

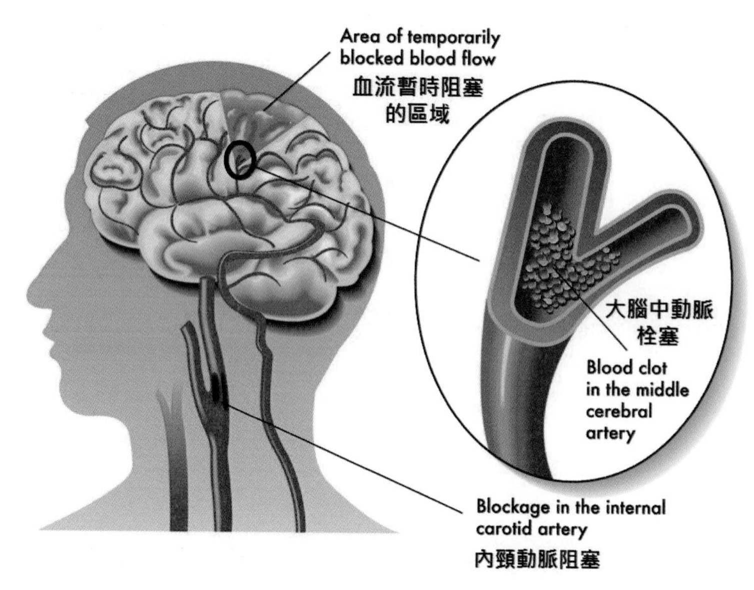

圖 1-5

形成原因

接下來要著重談的是中風。根據世界衛生組織所發布的定義，中風指的是突發性或快速發作性的局部神經學症狀或徵候，持續超過二十四小時以上，且是由腦血管疾病所引起。

為什麼中風會這麼讓人害怕？主要原因就是後遺症。以目前的統計數據來說，中風的倖存者有近 30％會造成永久性的殘疾，包含部分癱瘓、行動不便、記憶與思考能力受限、說話困難等等，一旦走到這一步，想要正常生活可能就難上加難了，有高達 20%的中風患者甚至會需要委請看護或住進護理機構。

基本上中風可分成三大類型：

缺血性中風

占整體總數 85%以上，當通過大腦的動脈血流受阻時，就會發生。

出血性中風

腦部動脈有漏血或破裂受損現象，導致血液充滿腦組織，壓力過大造成中風。出血性中風有兩種亞型：腦內出血及蜘蛛網膜下腔出血。

短暫性腦缺血發作

也稱為小中風，進入大腦的血液在很短的時間內（五分鐘以內）被阻塞，因而導致小中風。一旦發生過小中風，之後產生缺血性中風的機率就會大增。

醫學臨床上及早識別中風跡象的方法，主要是觀察患者的語言能力是否正常、雙手手臂是否能正常施力，以及臉部的肌肉控制。其實日常只要仔細看自己臉上的皺紋及眼睛的變化，就可以判斷出中風的先期徵兆。當然，中風及顏面神經麻痺兩者都會出現所謂面癱的症狀，但無論如何一經發現就應趕快就醫，畢竟原因是哪一種都不能輕忽。

腦中風型態

Types of Brain Stroke

Hemorrhagic Stroke 出血性中風

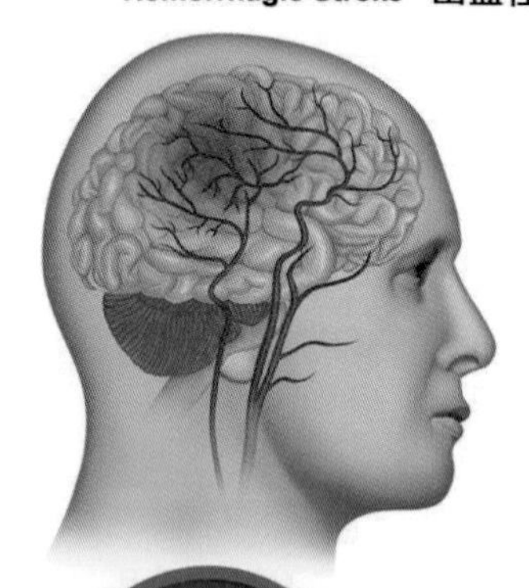

Lschemic Stroke 缺血性中風

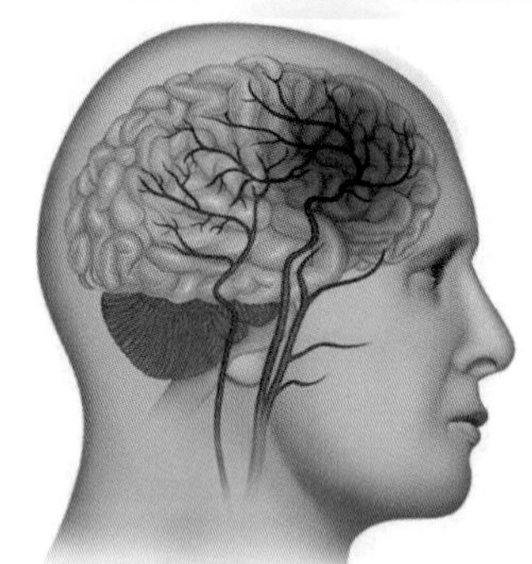

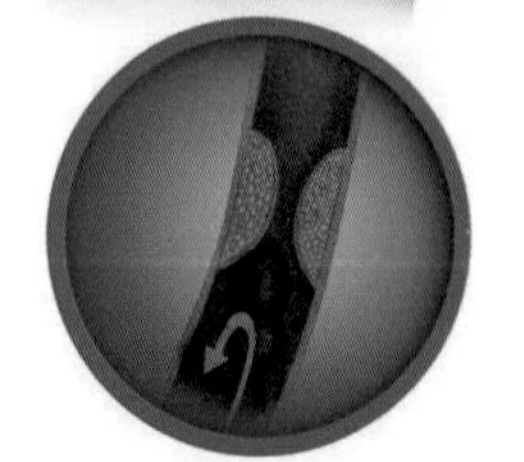

Rupture of blood vessels
血管破裂

Blockage of blood vessels
血管阻塞

圖 1-6

病徵

中風有時會導致暫時或永久性殘疾，這取決於缺乏血液流動的時間以及受影響的部位，一般會有麻痺或肌肉運動喪失、說話或吞嚥困難、記憶力減退或思維困難、情緒問題等症狀，另外也可能會發展成抑鬱症。

中風的外顯症狀

1. 說話含糊不清、難以理解。
2. 臉部、手臂、腿部會出現麻痺症狀。
3. 嘗試微笑時，嘴巴某一側會呈現下垂。
4. 單眼或是雙眼都看不到。
5. 劇烈頭痛、頭暈、意識模糊、嘔吐。
6. 行走困難，喪失肌肉運動能力。
7. 記憶力衰退或思維困難。
8. 憂鬱症、心理鬱悶。

中風的診斷

1. 重要的是及早識別中風跡象。治療越早開始，對腦組織的損害就越小。
2. 中風的一些主要症狀包括言語困難，手臂無力和下垂的臉。
3. 常見的中風診斷工具是 CT scan 腦斷層掃描、MRI 磁共振成像和頸動脈超聲檢查。

治療與機會

現今醫學在面對中風時，有幾種預防性的藥物可使用，比方說抗血小板藥，就是在小中風或輕度中風後使用，能夠降低再次中風的風險。另外還有抗凝劑、肝素等等。

中風通常來得又急又快，把握黃金時刻一旦發現就立刻送醫治療，還有很大的機會可以降低影響，並避免更多腦細胞死亡。過去中風被認為是無藥可醫的疾病，但近年來血栓溶解劑的發明讓中風的治療出現了曙光。在發現中風症狀出現時，若能在三個小時內經醫生診斷後注射血栓溶解劑，有機會溶解血栓、逐步恢復腦部血流。

中風的預防

1. 控制高血壓（高血壓）。
2. 減少飲食中的膽固醇和飽和脂肪。
3. 戒菸，處理糖尿病。
4. 健康的體重，選擇富含水果和蔬菜的飲食。
5. 定期運動，適度飲酒。
6. 治療阻塞性睡眠呼吸暫停（OSA）。
7. 避免使用非法藥物。某些毒品，已被確定為 TIA 或中風的危險因素。

預防藥物

1. 抗血小板藥：小中風或輕度中風後，使用阿斯匹靈和抗血小板藥物，例如 Plavix，可減少再次中風的風險。
2. 抗凝劑：例如肝素，特性是起效快，一般會在醫院短期使用，而較慢作用的 Coumadin，Jantoven 則可長期使用。
3. 幾種新的抗凝劑可用於預防高危人群中風，包括 Pradaxa、Xarelto、Pixaban（Eliquis）、Edoxaban（Savaysa）等等。

聽聽陳醫師怎麼說

幹細胞因為具有修復、再生、分化的特性，再加上可以順利抵達大腦病灶處進行治療，所以已有許多研究團隊都以「幹細胞」來研發新的治療方法，希望能達到逆轉的效果。近年來發現幹細胞可起到腦部損傷修復的作用，大腦有血腦障壁會阻擋細菌、病毒從血液進到大腦內，當然也會阻擋藥物進入大腦發揮作用，成為治療上的阻礙，而幹細胞具有很好的移動能力，稱之為「找尋受傷處（Homing）」，可以穿過血腦障壁，直達大腦進行修復的作用。

2020 年發表的「幹細胞在中風中的應用：一種多因素方法」，指出有超過 56 項關於使用再生藥物（自體或異體）治療腦血管中風的臨床試驗，大多數使用間充質幹細胞（MSC）、脂肪組織、骨髓來源的細胞，以及脊髓和臍帶細胞。急性中風後兩周，在 II 期隨機、雙盲，加安慰劑對照的單中心中樞臨床試驗中，對來自脂肪組織的同種異體間充質幹細胞進行靜脈內給藥，結果顯示出更好的療效，而且沒有發生不良事件。此外，使用同種異體 MSC 可以作為中風的替代療法。

許多的研究證實間充質幹細胞成為治療中風的福音，所以是值得推廣的[6]，這份研究報告是以針劑施打的方式注入間充質幹細胞，而口服 G-CSF 和 SCF 可以刺激骨髓製造造血幹細胞（$CD34^+$）及間充質幹細胞（MSC），也可得到相同的效果，這在臨床上已有成功的案例。

使用幹細胞的再生醫學似乎是中風後遺症的靈丹妙藥，基於幹細胞的療法有助於神經再生和神經保護，幫助患者恢復神經，然而，在中風患者中使用幹細胞作為療法仍然需要在基礎水平和轉化水平上進行大量研究。幹細胞在逆轉症狀中的作用方式尚不明確，在中風建立幹細胞治療之前，有幾個臨床參數需要解決，例如要使用的幹細胞類型、給藥時機、是否需要劑量增強劑、給藥途徑等。通過使用幹細胞衍生的外來體，無細胞治療也有望出現。有數項正在進行的臨床前研究旨在回答這些問題。儘管仍處

6 幹細胞在中風中的應用：一種多因素方法 Application of Stem Cells in Stroke：A Multifactorial Approach、Manisha Singh1,2、Pranav K. Pandey3、Ashu Bhasin4、M. V. Padma4 and Mohanty1*Front. Neurosci., 09 June 2020.

於發展階段，但幹細胞治療仍在中風患者的神經康復方面具有巨大潛力。

1-9 健康威脅——巴金森氏症&阿茲海默症

接下來我想談的是巴金森氏症及阿茲海默症。會將此兩種疾病放在一起講，主要是一般人很容易將它們搞混，而且普遍也都認為這是老年人的專利。的確，年長的長輩是高危險群，但臨床上兩種疾病的患者年齡層都有下修的趨勢，比方說巴金森氏症，台大就曾出現 18 歲的年輕案例，好發族群落在 50 歲到 60 歲，但如今 40 歲就發病的也所在多有。同樣的，年輕的阿茲海默症患者近年也開始增加，根據 2020 年的調查，全台灣約有 1.2 萬人屬於年輕型失智症，而 30 歲到 64 歲的區段中，更是每千人就有一人發病。

巴金森氏症的生成原因及病徵

巴金森氏症是慢性神經退化疾病，包含顫抖、肌肉僵硬、運動功能減退、步行異常等症狀，會隨著時間緩慢出現。目前醫學上對於巴金森氏症的成因還沒有一個明確的定義，普遍認為是由遺傳及環境因子所引起，進一步來說，當腦內的「黑質」部位出現退化，導致未能產生足夠的多巴胺（神經傳導物）時，就會讓人體的肌肉活動開始出現各種不同程度的限制，一旦黑質細胞凋亡超過 50%，大腦參與運動控制的區域就會產生混亂、無法合力運作，顫抖僵硬等症狀就會因此逐步浮現。

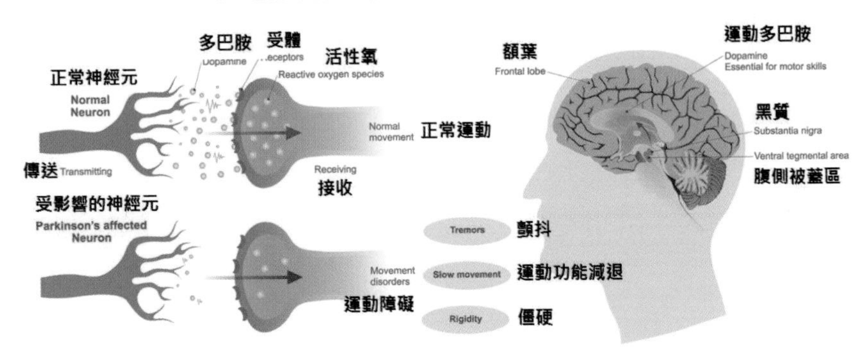

圖 1-7

巴金森氏症是怎麼來的？

年齡

大多數的巴金森氏症的患者病發年齡落在 55 到 60 歲，所以年齡是這個疾病最顯著的危險因子。

基因

家族裡若有人罹患過巴金森氏症，那麼自己也罹患的機率就會大上許多。

環境

工作中常會接觸到殺蟲劑或農藥的族群，也是罹患巴金森氏症的高危險群。

巴金森氏症的主要症狀

1. 單側的手腕及手臂不由自主顫抖。
2. 下巴、頭部不自覺顫抖晃動。
3. 四肢及軀體呈現僵硬狀態。
4. 動作遲緩、協調性差，容易跌倒。

巴金森氏症的治療與機會

巴金森氏症目前屬於無法治癒的疾病，初期可使用 L-多巴藥物來進行治療，緩和顫抖症狀，程度惡化後，則配合多巴胺激動劑使用。另外也有手術治療的方式，當藥物效果不彰時，患者可考慮進行腦部深層刺激手術，用微電極放電的方式減少顫抖症狀。

一般而言，男性比女性容易罹患巴金森氏症，而在患病之後，預期餘命約有 7 到 15 年。就像大多數疾病一樣，巴金森氏症很難只依靠藥物達到最好治療效果，每年一度的美國巴金森氏症年會上，醫學專家們推薦給巴金森氏症患者走路和打太極這兩種運動。另外，多吃含益生菌食物、維持良好的腸胃道消化環境，也會對預防巴金森氏症帶來正面的影響。

聽聽陳醫師怎麼說

Salem NA, Int J 在 2019 年對幹細胞的研究指出，巴金森氏症的主要病理是黑質中多巴胺的丟失，特徵是運動遲緩、僵硬、震顫和姿勢不穩。巴金森氏症的醫學和藥物治療目前僅限於患者的症狀緩解，尚未能預防或減慢神經變性的過程。

不過，細胞移植在巴金森氏症的治療方面具有巨大的潛力，尤其是間質幹細胞，容易取得且具有營養作用，可保護受損的組織，還可進行分化，產生更多健康的幹細胞來進行修復，可以延緩病情惡化的速度。

阿茲海默症的生成與病徵

前述的巴金森氏症主要的病徵是身體顫抖，也有 20%左右的機率會進展成失智，不過這類病人的失智症狀是由記憶力衰退所引起，與阿茲海默症不同。

阿茲海默症就是老年癡呆症，屬於神經退化性疾病，最早由德國醫師 Alois Alzheimer 在 1906 年提出，主要表現是漸進性記憶障礙、認知功能障礙、人格改變和語言障礙等，此疾病對於老人的生活影響甚鉅，同時也給家庭與社會帶來沉重的負擔。

常見的失智症類型

1. 阿茲海默症：占七成左右。
2. 血管性失智症：罹患心血管疾病後所引發的失智症狀。
3. 路易氏體失智症：阿茲海默症加上巴金森氏症雙重症狀纏身。
4. 額顳葉型失智症：腦部的額葉及顳葉萎縮的退化性疾病。
5. 巴金森氏症失智：通常會伴有視幻覺以及妄想。

我個人對於阿茲海默症有相當深入的研究，在後面的章節也會有更為詳細的說明，這邊就針對一般資訊作介紹。

阿茲海默症的初期症狀為記憶障礙。日本國立長壽醫療研究中心認知症專家櫻井孝指出，阿茲海默症早期會讓海馬迴萎縮，進而逐步讓腦部全體萎縮。破壞了和記憶有關聯的海馬迴神經細胞，也就無法維持記憶了。

阿茲海默症是大腦累積「類澱粉蛋白β」，使得神經細胞壞死所引起，而類澱粉蛋白β就是大腦的老人斑（纖維化斑塊）主要的構成成分，是大腦的垃圾，在不同的大腦部位組織內沉積之後，就會開始對該區的神經細胞功能造成影響，引發種種症狀，包含記憶障礙、認知障礙、語言功能障礙等等。

從類澱粉蛋白β開始累積，一直到出現失智症狀，中間要花 20 到 30 年的時間，所以假設患者在 60 歲罹患阿茲海默症，就表示他恐怕是在 30 歲左右就開始累積類澱粉蛋白β了，由此可見，若我們擔心上了年紀會失智，那麼就要在年輕時開始進行預防。

表1-5 巴金森氏症及阿茲海默症的早期症狀區別

阿茲海默症早期症狀	巴金森氏症早期症狀
阿茲海默症是失智症的一種，早期的症狀是認知功能出現障礙。	巴金森氏症初期的認知功能是正常的，但是行動出現障礙，由於腦內黑質細胞退化死亡，使多巴胺神經傳導物質減少。
專注力變差 執行功能變差 語言能力變差 記憶力變差 空間感變差 社會人際關係開始出現問題	行動遲緩 齒輪狀僵硬 靜止性顫抖 走路碎步或不穩 面具臉 便祕

阿茲海默症的治療與機會

罹患阿茲海默症的患者，日常會出現記憶力衰退、忘東忘西，對時間、地點及人物感到混淆，個性及行為會出現轉變，而且情緒起伏不定。在幾部提到阿茲海默症議題的電影中，可以看到透過簡易智能狀態測驗（Mini-Mental State Examination，MMSE），可以判斷患者是否已患病。至於學理的判斷，則是透過電腦斷層掃描的腦部影像來進行，患者的腦室及腦溝一般會有變寬的現象，大腦萎縮甚至空洞化，小腦也會變小等等。

治療阿茲海默症的方式包含服用膽鹼酶抑制劑藥物、NMDA受體拮抗劑等，另外也需要配合抗憂鬱的藥物一起使用，藉以紓緩患者因病所導致的煩躁焦慮症狀。

聽聽陳醫師怎麼說

根據我們的人體實驗，CD34 造血幹細胞增加，的確可以讓失智症獲得改善，而實際上也有不少臨床的案例可供佐證，包含一位來自新加坡的患者，在半年內增加了 CD34 造血幹細胞的數量 ADRI，失智風險指數就順利降為 0，顯示 CD34 造血幹細胞對阿茲海默症的確有正向改善的影響。

1-10 健康威脅——自體免疫疾病

免疫系統是身體最重要的防禦機制，能夠檢測並排除小到病毒大到寄生蟲、病原體等等的有害物質，讓我們的身體能保持健康狀態。人體的免疫細胞包含 T 細胞、B 細胞、單核細胞、巨噬細胞、粒細胞、肥大細胞、輔佐細胞等。而製造免疫細胞的器官則有骨髓、胸腺、淋巴結等，另外像是脾臟以及位於消化道、呼吸道的黏膜組織，也會產生免疫細胞。

一般我們如果日常感冒或有什麼輕微的發炎症狀，往往都會認為是來自於免疫力低下所造成，不過免疫力失調可不只有低下而已，免疫失衡或過度活躍，也都會對健康造成危害，這一小節就要著重介紹紅斑性狼瘡、類風溼性關節炎、僵直性脊椎炎等三種常見的自體免疫疾病。

免疫失調類型

免疫力低下

身體防護力不足，容易感染及發炎，常見的症狀有感冒、病毒性肝炎、感染性疾病等等。

免疫功能太強

也就是一般常聽到的「過敏」，氣喘、異位性皮膚炎、蕁麻疹、皮膚過敏等等，都是屬於這一類型的症狀。

自體免疫疾病

免疫系統太過活躍，會將正常細胞當成外來物質，無差別地進行攻擊，導致損害到自身的器官組織，除了下面要介紹的三種常見疾病外，像是多發性硬化症、肌肉萎縮症、牛皮癬、修格蘭氏症等等也都是。

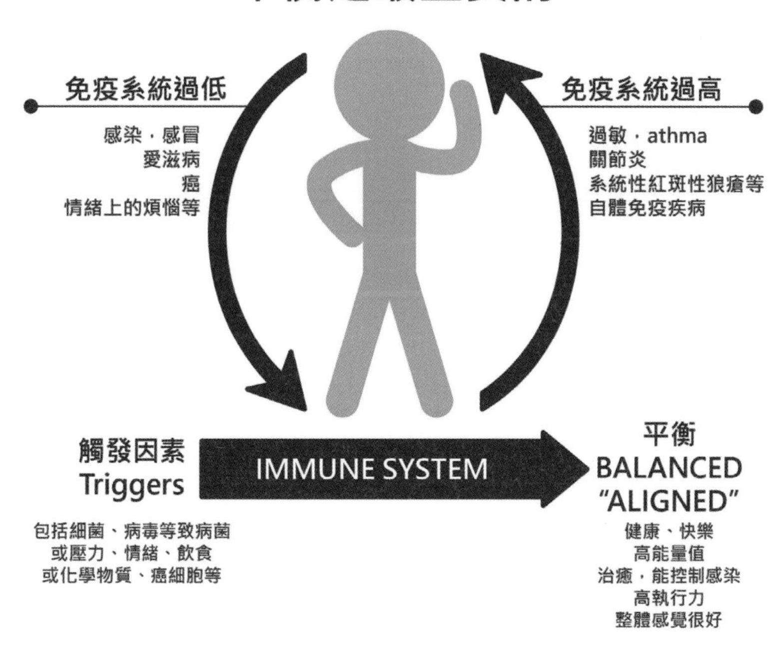

圖 1-8

紅斑性狼瘡

又稱為系統性紅斑狼瘡，是一種慢性自體免疫疾病，可影響多個身體部位，包括皮膚、關節、心臟、肺臟、腎臟及大腦。這個疾病在 1851 年首度被發現時，有醫師認為患者臉部的紅斑是被狼咬到的，所以才有了紅斑性狼瘡這個名字。

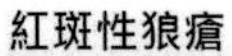

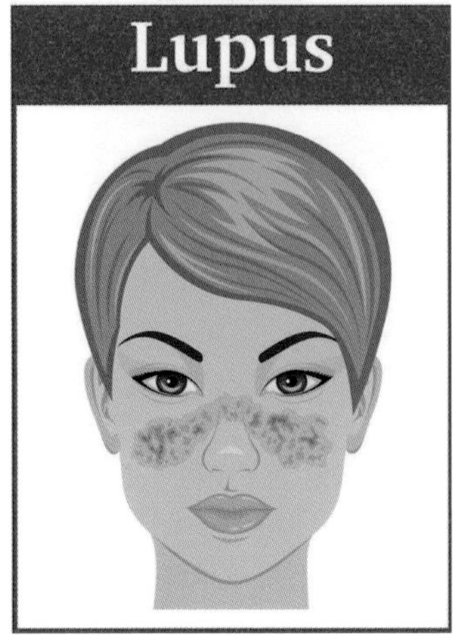

圖 1-9

紅斑性狼瘡是一種會威脅生命的自身免疫性炎性疾病，涉及多種自身抗體，主要由於 B 細胞過度活化，並在循環系統中遊走或沉積在器官之中。自身抗體的沉積會觸發免疫複合物的形成，然後導致包括血管、關節、腎臟和皮膚在內的多個器官的組織發炎。

在正常情況下，免疫系統會幫助保護身體免於發生感染和疾病，但當罹患紅斑性狼瘡時，免疫系統會開始攻擊自身的組織，這樣的攻擊不僅會引發炎症，而且在某些情況下會造成永久性的組織損傷。

一般而言，紅斑性狼瘡好發於育齡期的女性（14 歲至 44 歲），男女比約一比十。盛行率方面，每 185 個美國人之中有一個狼瘡病人，並且黃種人多於白人。紅斑性狼瘡病患的子女得病機率約 5%，同卵雙胞胎得病機率約 30%，近親（含父母、兄弟姐妹、子女）患有該疾病，則本人的罹病率約為 10%。

紅斑性狼瘡的病徵

狼瘡的表現具多樣性，幾乎每一個器官系統皆有被侵犯的可能，比較重要的有：

1. 全身性體質表現（95%）：疲倦、發燒、體重減輕。
2. 肌肉骨骼系統（95%）：關節酸痛、關節炎、肌炎、缺血性骨壞死。
3. 皮膚（80%）：臉部蝴蝶斑、圓盤性紅斑、光敏感、口腔潰瘍、掉髮、血管炎。
4. 血液系統（85%）：貧血、白血球低下、血小板低下、脾腫大、淋巴節腫大。
5. 神經系統（60%）：認知障礙、情緒異常、癲癇、腦血管病變、神經病變。
6. 心血管系統（60%）：心包膜炎、心內膜炎、肺出血、肺炎、肺動脈高壓。

7. 呼吸系統（60%）：肋膜炎、肋膜積液、肺出血、間質性肺炎、肺出血。
8. 腎臟（50%）：蛋白尿、腎病症候群、腎衰竭。
9. 腸胃系統（45%）：腸出血、穿孔、噁心、腹瀉、腹水。
10. 血栓（15%）：血管栓塞。
11. 眼睛（15%）：視網膜血管炎、乾眼症。

依據美國風濕病醫學會所訂定的診斷標準，如果以下十項症狀有符合四項，就可確診為紅斑性狼瘡：

1. 蝴蝶斑、圓盤性紅斑。
2. 對光敏感。
3. 口腔潰瘍。
4. 關節炎。
5. 腎臟病變，蛋白尿或細胞柱體。
6. 漿膜炎、精神異常。
7. 血液學病變，溶血性肋膜、心包膜。
8. 神經病變，癲癇、貧血、白色球及血小板減少。
9. 免疫學檢查異常，從抗史密斯抗體（Anti-Sm）、抗雙股去氧核糖核酸抗體（Anti-dsDNA），以及抗磷脂抗體三種指標去進行評判。

10. 具抗核抗體 ANA。

紅斑性狼瘡的治療與機會

治療紅斑性狼瘡首要之務是避免急性發作，為此，提升生活品質、舒緩日常壓力是必要的措施。另外也可使用抗炎、皮質類固醇、免疫抑制劑等藥物來進行病情控制。

狼瘡性腎炎（LN）

紅斑性狼瘡本身就是一個難纏的疾病，其併發症「狼瘡性腎炎」更是教人聞之色變。狼瘡性腎炎就是紅斑性狼瘡的危害影響了腎臟，有高達 60%左右的紅斑性狼瘡患者會有狼瘡性腎炎的問題。跟女性相比，男性紅斑性狼瘡患者的腎臟及心血管疾病發病率更高，且容易出現腎衰竭現象。

狼瘡性腎炎的特徵是蛋白尿、血尿、腎功能衰竭，甚至可能導致終末期腎臟疾病。經過數十年的研究，目前狼瘡性腎炎有幾種藥物可供治療，像是皮質類固醇與 CTX 或 MMF 聯合使用作為患者的標準化治療。然而，僅 8.6%和 8.1%的患者能夠完全緩解。

過去 30 年之中，狼瘡性腎炎的治療沒有太大的進展，直到近年出現了幹細胞療法。

2021 年發表的「狼瘡性腎炎間充質幹細胞療法的更新」一文，指出狼瘡性腎炎是系統性紅斑性狼瘡最嚴重的器官表現，因為當前的免疫抑制療法未能預防一半以上接受治療的患者的疾病復發，所以迫切需要新穎的療法，而間充質幹細胞（MSC）對免疫反應具有有效的免疫抑制調節作用，且 MSC 的靜脈內移植可改善疾病症狀，因此目前已成為狼瘡性腎炎的潛在有益療法。

該研究小組於 2007 年首次採用同種異體 MSC 治療難治性與重度的紅斑性狼瘡患者，其中更選擇了四例被診斷為狼瘡性腎炎的末期腎衰竭患者。數據顯示，所有患者的疾病緩解期穩定在 12 到 18 個月。這些患者表現出疾病以及血清學標誌物和腎功能的改善，這表明異基因 MSC 移植，是治療難治性狼瘡性腎炎患者的新希望。

因此，我們相信 MSC 療法將是對常規治療有抵抗的紅斑性狼瘡患者可行且安全的療法[7]。

延伸說明，口服 G-CSF 和 SCF 可以刺激骨髓製造造血幹細胞（$CD34^+$）以及間充質幹細胞（MSC），也可得到相同的效

7 狼瘡性腎炎間充質幹細胞療法（MSC）的更新 An Update for Mesenchymal Stem Cell Therapy in Lupus Nephritis Li W.· Chen W.· Sun L.Kidney Dis 2021;7:79–89.

果，這在臨床上已有成功的案例。

SLE 是一種威脅生命的自身免疫性炎性疾病，涉及多種自身抗體，這些抗體由過度活化的 B 細胞產生，並在外周血中循環或沉積在器官中。自身抗體的沉積觸發免疫複合物的形成，然後導致包括血管、關節、腎臟和皮膚在內的多個器官的組織發炎。腎臟受累，稱為狼瘡性腎炎（LN），發生在患者約 50 到 60%，最嚴重的內臟併發症之一。與女性相比，SLE 男性傾向具侵略性的疾病，腎臟和心血管疾病的發病率更高，容易出現腎功能衰竭。

MSC 獨特的免疫調節特性，MSC 通過分泌可溶性因子或與各種免疫效應細胞（包括先天性和適應性免疫細胞）直接相互作用，發揮免疫調節作用。它們可教育巨噬細胞、單核細胞和樹突狀細胞（DC）具有抗炎表型，或者以誘導的方式，在體外抑制 CD4 和 CD8 T 淋巴細胞的增殖，或者促進調節性 T（Treg）的增殖和分化，轉化生長因子-β（TGF-β）、前列腺素 E2（PGE2）、一氧化氮（NO）、程序性細胞死亡 1 配體 1（PD-L1）和吲哚胺 2,3-二加氧酶（IDO）參與 MSC 介導的免疫抑制。

間充質幹細胞（MSC）對免疫反應具有有效的免疫抑制調節作用，而 MSC 的靜脈內移植可改善疾病症狀，並已成為 LN

的潛在有益療法。

類風濕性關節炎

類風濕性關節炎應該可以稱得上是最常聽見的關節炎了，目前推斷可能的形成原因為有：基因、荷爾蒙、抽菸、環境（如大理石切割廠的二氧化矽粉塵）等因素，但真正的致病原因仍然不明。

在台灣，約有十萬名類風濕性關節炎患者（盛行率約 0.4%），男性與女性患病比例為 1：3，其中又以 30 至 50 歲為好發期。兒童罹病時，可能伴有皮疹、發燒、疼痛、失能、日常活動受限等症狀。

此病的主要發病原因是患者自體免疫系統異常，讓對抗外來侵略者的抗體開始攻擊關節，造成發炎症狀，同時伴隨關節組織增生，關節結構隨之遭到破壞。此外，疾病的好發位置大多在四肢小關節（如手指、手腕、腳趾等），且發病部位往往是對稱的，也就是說如果右手手指有症狀，左手手指也會發病。

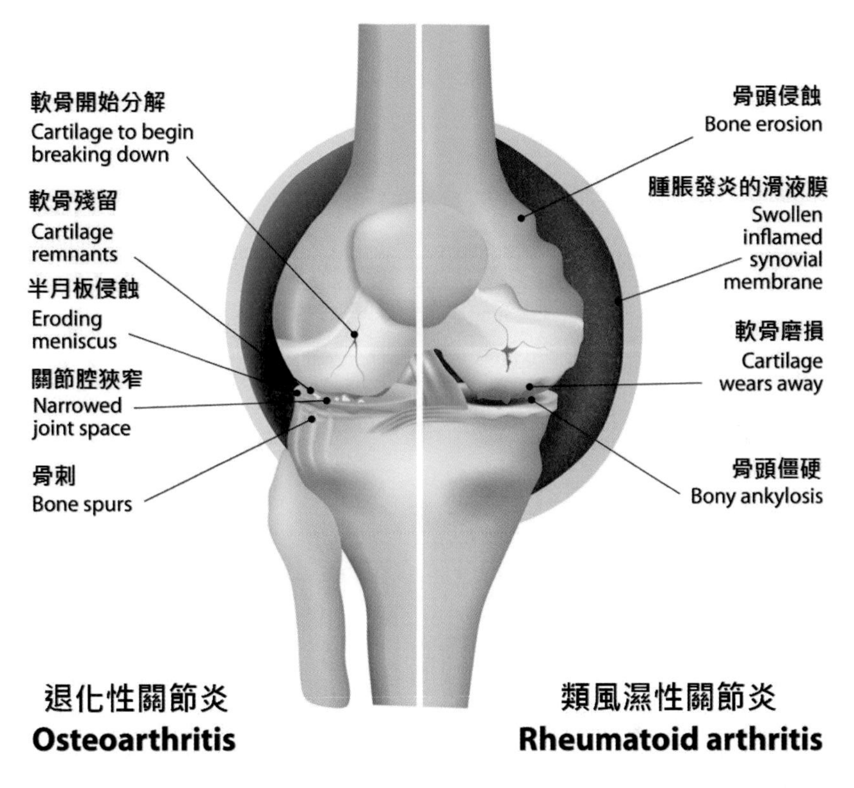

圖 1-10

類風濕性關節炎的病徵

患病初期除了典型的關節腫脹疼痛外，可能還會產生早晨關節僵硬（至少 1 小時）、倦怠、食慾不振、虛弱等現象；若是病情加重，患者的骨骼與軟骨可能因此損壞，使關節僵直、變形，甚至無法活動。大部分的傷害發生在關節內膜和軟骨，最終侵蝕該關節兩個相對的骨骼，影響所及包含手指、腕、膝、肘等關節處，且有對稱性（同時發生於右側與左側），如果不及時治療，可能在幾年內導致嚴重畸形。

另外，類風濕性關節炎還會影響患者的心理狀態，比方說焦慮、憂鬱、自尊低落等等，值得留意的是，發炎組織的細胞會隨血液流竄，使其他器官也產生發炎現象（如心包炎、心肌炎、角膜炎等），所以患者若因類風濕性關節炎而死亡，有超過 50% 的患者會是心臟相關疾病；除此之外，患者的血小板也更容易產生破裂現象，引發心肌梗塞等疾病。

類風濕性關節炎的治療與機會

早期診斷和積極治療，與發作後長時間未被診斷相比，前者的生活品量較好。治療類風濕性關節炎的藥物包含靜脈注射皮質類固醇，以及單株抗體。由於類風濕性關節炎與自體免疫有關，所以除了止痛藥、消炎藥之外，還有一類是疾病調節抗風濕藥（DMARDs）的藥物。

DMARDs 旨在通過啟動後天免疫反應來減緩類風濕性關節炎的進程，其中一部分是仰賴輔助型 T 細胞，特別是 Th17 細胞。Th17 細胞大量存在於關節內的骨破壞部位並產生發炎性細胞激素，例如白血球介素 17（IL-17）。

幹細胞治療類風濕關節炎

2017 年發表的「幹細胞治療類風濕關節炎」一文，指出間充質幹細胞治療類風濕關節炎的臨床結果，所有 172 名參與者繼續服用常規的 RA 藥物，一部分參與者還通過靜脈注射接受了兩種間充質幹細胞治療，而另一部分參與者接受了安慰劑注射（對照）。接受間充質幹細胞治療的患者症狀明顯獲得緩解，其改善的原因也與血液中調節性 T 細胞（RTC）水平的提高有關。

RTC 阻止免疫系統攻擊人體自身的細胞，它們在控制炎症中起著至關重要的作用[8]。這份研究報告是以針劑施打的方式注入間充質幹細胞，而口服 G-CSF 和 SCF 可以刺激骨髓製造造血幹細胞（$CD34^+$）及間充質幹細胞（MSC），理論上也可得到相同的效果，有待臨床上更進一步的探討。

一些研究受信任的來源表明 MSC 還能夠抑制免疫系統並減少人體的炎症反應。這使得 MSC 治療成為針對自身免疫性疾病（例如 RA）的有前瞻性的治療選擇。

---

8 幹細胞治療類風濕關節炎 Mesenchymal Stem/Stromal Cells for Rheumatoid 由 Brenda B. Spriggs，醫學博士，MPH，FACP 進行醫學審查—由 Charlotte Lillis 於 2019 年 6 月 27 日撰寫 MEDICAL NEWS TODAY。

2013 研究調查了 MSC 治療的功效，適用於患有類風濕性關節炎。所有 172 名參與者繼續服用常規的 RA 藥物。一部分參與者還通過靜脈注射接受了兩種 MSC 治療，而另一部分參與者接受了安慰劑注射（對照）。結果接受 MSC 治療的患者明顯緩解。改善也與血液中調節性 T 細胞（RTC）水平的提高有關。RTC 能阻止免疫系統攻擊人體自身的細胞，它們在控制炎症中，起著至關重要的作用。

2015 年的研究報告對小鼠與 RA 的免疫細胞的 MSCs 有類似的效果。MSC 治療可提高 RCT 水平，同時降低促進炎症的細胞水平。

目前，美國食品藥品管理局受信任的來源僅批准使用臍血造血幹細胞（uHSC）。這些細胞來自臍帶，可以發育成不同類型的血細胞。人們主要接受 uHSC 來幫助治療血液疾病。FDA 不規範受信任的來源使用其他類型的幹細胞，例如 MSC。但是，他們可能會批准並監督使用此類細胞的臨床試驗。關於治療效果，有 36 個中心提供的數據市場平均臨床療效為 82.2%。

僵直性脊椎炎

僵直性脊椎炎（AS）是一種和遺傳及家族性病史高度相關的脊椎關節炎，會導致脊椎疼痛和僵硬。按地區劃分，每

10,000 人中，平均患病率在亞洲為 16.7，在歐洲為 23.8，在北美為 31.9，在拉丁美洲為 10.2 。男性與女性比為 2.5：1。脊椎炎是指脊骨或椎骨發炎，嚴重的情況會使脊柱彎曲。基本上僵直性脊椎炎無法治癒，但是藥物和運動可以減緩疼痛，並幫助患者保持背部強壯。

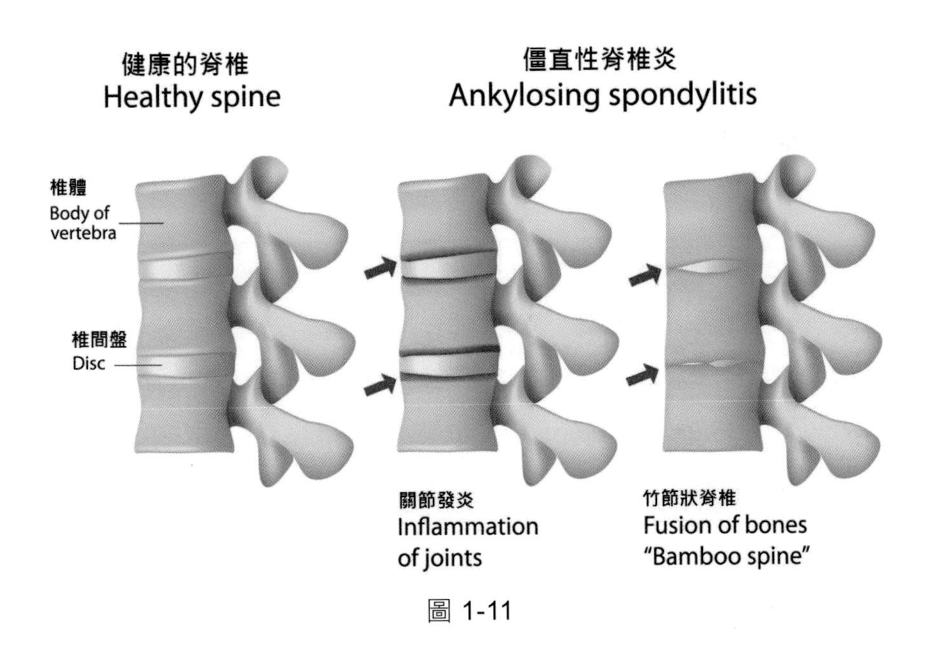

圖 1-11

僵直性脊椎炎的病徵

僵直性脊椎炎通常始於脊椎關節，從脊柱連接到骨盆，接著影響肌腱、韌帶附著在骨骼上的位置，導致椎骨融合在一起，因而讓患者感到疼痛或僵硬，主要患部為下背部、臀部、肩膀、手部、肋骨、雙腳等。另外，長期累積下來，患者的椎骨會變得脆弱、容易斷裂，受損的椎骨一旦壓迫到脊髓底部的馬尾神經，就會造成腸胃、膀胱等器官無法控制的併發症，且也會連帶影響性功能。

除此之外，大約有 40％的僵直性脊椎炎患者會罹患「葡萄膜炎」，這個疾病會讓人視力模糊，對明亮的光線感到異常敏感。再者，僵直性脊椎炎也會影響心臟瓣膜，迫使主動脈瓣改變形狀，讓血液漏回到心臟，導致患者感到疲倦、呼吸急促。

根據統計，某些類型的癌症，包括男性的骨癌、前列腺癌，女性的結腸癌、血液相關癌症，也都跟僵直性脊椎炎有莫大的關聯性。

僵直性脊椎炎的診斷

此病症並不容易發現，因為主要症狀「腰痛」很容易被誤以為是其他疾病所造成，而且現今並沒有任何一項單一測試能確診出僵直性脊椎炎，所以也讓醫生在臨床上感到更加棘手。目前一般會依症狀、體格檢查、血液檢查、X 射線檢查或 MRI 檢查來進行研判，不過幫助並不大，因為關節損傷可能不會立即在影像學檢查中顯示出來。

僵直性脊椎炎的治療與機會

維持身體的活動狀態是治療僵直性脊椎炎的關鍵之一，平時患者應多鍛煉身體，坐下或躺下的次數越少，感覺就會越好。運動方面的鍛鍊可讓人保持脊柱挺直及彎曲，養成習慣後有機會減少藥物的使用。

另外，以物理療法來說，學習如何伸展緊繃的肌肉是最大重點，可以請專業的復健師傳授一些減輕疼痛的姿勢或動作，平時在家自行操作，降低病症所帶來的不適。

至於藥物，通常在早期時會使用 NSAID（非類固醇抗發炎藥），不過這種藥的副作用相當大，可能會導致胃出血、引發心臟問題等等。如果 NSAID 不見效果，那麼就可能要使用生物製劑 TNF 阻滯劑（Humira、Cimzia、Enbrel、Simponi、Remicade），這些都是用蛋白質製成的，但無可避免地還是會有一些副作用。

幹細胞治療僵直性脊椎炎

幹細胞治療僵直性脊椎炎的研究已經有很多，且也有幾項以人類患者為對象的實驗獲得相當正面的成果。 其中一項研究於 2017 年底發表在《實驗與治療醫學》雜誌，研究人員讓五名僵直性脊椎炎患者輸注了來自臍帶血的間充質幹細胞（同種異體幹細胞，而不是自體幹細胞），結果得出「所有患者的僵直性脊椎炎均得到緩解」的成果，本研究表明，靜脈內輸注間充質性幹細胞是安全的，患者可以很好地耐受，並且可以有效緩解疾病活動和臨床症狀。

上述研究與 2014 年發表的結果相呼應。2014 年的研究歷時二十週，患者接受間充質幹細胞輸注，結果發現炎症在整個治療過程中穩步下降，且一開始的四週內變化最為顯著。結論是靜脈內注射間充質幹細胞（同種異體而非自體），是「可行，安全且有希望的治療方法」。

2019 年發表的「僵直性脊椎炎和間充質基質／幹細胞療法：一種新的治療方法」一文，指出間充質幹細胞可以調節與僵直性脊椎炎發病機理相關的免疫細胞的活化，並可以促進隨後的組織損傷中的再生過程。先前研究的結果表明，注射間充質幹細胞可能有助於緩解 AS 體徵和症狀。

骨髓是間充質幹細胞的主要來源，此外還有臍帶及脂肪組織。當前，有數項正在進行的臨床試驗評估僵直性脊椎炎患者的療效和安全性，相信研究結果將能幫助更多為此病所苦的患者[9]，這份研究報告是以針劑施打的方式注入間充質幹細胞，而口服 G-CSF 和 SCF 可以刺激骨髓製造造血幹細胞（$CD34^+$）及間充質幹細胞（MSC），理論上也可得到相同的效果，有待臨床上更進一步的探討。

MSC 在免疫介導疾病中的應用

MSCs 可以趨化性遷移至炎症和損傷部位，在這些部位可以發揮抗炎和修復作用。骨髓是收穫間充質幹細胞的主要來源。此外，臍帶和脂肪組織則是另個來源。

MSCs 移植的治療對於免疫介導的疾病具有強大的治療潛力，幸運的是，患者並沒有表現出 MSC 輸液後的副作用，總結了在不同免疫性疾病中進行 MSC 治療的一些臨床試驗。

9 僵直性脊椎炎和間充質基質／幹細胞療法：一種新的治療方法
・KamalAbdolmohammadiabcFatemehDadgarPakdelbHamidehAghaeibSaraAssadiasldYousefFatahieNegin HosseiniRouzbahanibcfAlirezaRezaiemaneshgMasoudSoleimanichLobatTayebiiMohammad HosseinNicknambd.
・Biomedicine & Pharmacotherapy, 2019: 1196-1205.

僵直性脊椎炎的 MSC 治療

具有實質性免疫調節和再生特性的間充質幹細胞，是治療免疫介導的疾病（如 AS）的理想治療選擇。AS 患者中 Treg 細胞的數量低，以及 B 細胞的水平低和功能異常，由此產生的自身抗體參與 AS 發病機理。MSC 可抑制 T17 細胞分化，從而將 T 細胞分化為 Th2 表型，降低 Th17 細胞的細胞因子水平，

因此，MSC 治療對 AS 患者具有很多益處，MSC 可以調節與僵直性脊椎炎發病機理相關的免疫細胞的活化，並可以促進隨後的組織損傷中的再生過程。先前研究的結果表明，注射 MSCs 可能有助於緩解 AS 體徵和症狀。

當前，有數項正在進行的臨床試驗評估 MSCTAS 患者的療效和安全性。這些研究的結果將為開發有效的細胞療法，以改善 AS 的治療鋪平道路。

1-11 健康威脅——纖維化疾病

器官如果損傷較大，細胞外基質會大量增生以修復受損的組織，導致結締組織異常增生，就會發生纖維化。簡單來說，纖維化疾病就是器官對於損傷的過度修復造成的。隨著纖維化程度加

重，最終發展為器官硬化，乃至衰竭。

纖維化疾病幾乎在人體的各個器官發生，常見的如肝纖維化和肺纖維化等，以及病毒、酒精等刺激因素，會攻擊正常肝細胞使其受損，且炎症細胞和肝星狀細胞活化，導致肝臟的正常結構和功能被破壞，最終發生肝纖維化。

再來談到肺纖維化，此病症的主要表現為肺組織增厚或形成瘢痕、肺泡結構紊亂等。器官纖維化如不及時治療，往往都會造成器官功能衰竭。

流行病學資料表明，僅肝硬化就影響著全球數億人口，每年造成上百萬人死亡，已成為最常見的死亡原因之一。而肺纖維化，診斷後平均生存期僅為 2.8 年，死亡率高於大多數腫瘤疾病，因此被稱作一種「類腫瘤疾病」。

治療纖維化疾病的主要方法包括「藥物治療」和「器官移植」。遺憾的是，由於器官移植一直存在供不應求的情況，且人體對於移植的器官不可避免地會產生排異反應，所以難以滿足大部分的纖維化疾病患者需求。藥物治療雖然能夠延緩疾病的進展，延長患者生存時間，但也不能徹底治癒纖維化疾病。還有什麼可行的治療纖維化疾病的方法呢？研究人員在幹細胞領域找到了答案！

幹細胞可治療纖維化疾病

1. 間充質幹細胞具有「歸巢（Homing）能力」：幹細胞在體內能夠按需求遷移到靶組織器官後，通過增值分化為受損的組織細胞進行器官修復。
2. 間充質幹細胞具有分化能力。
3. 幹細胞在器官特定的環境誘導下定向分化為和器官細胞相同的細胞，使得器官的實質細胞增多，減輕纖維化程度。
4. 間充質幹細胞可參與調節免疫反應：間充質幹細胞可分泌多種生物活性物質，參與調節免疫反應、修復受損器官。在大鼠急性肝衰竭的研究中，幹細胞分泌的 IL-10 是減輕大鼠肝損傷的重要因素。

肝臟相關問題

急性肝衰竭（ALF）與肝硬化、肝癌等疾病，是台灣主要的常見肝病。急性肝衰竭是一種致命的臨床綜合病徵，主要是肝毒性藥物引發肝細胞壞死，或是病毒感染導致。在臨床上，急性肝衰竭進展迅速，藥物治療的效果通常不是那麼好。

肝硬化則是肝纖維化的終末期，容易引來各種併發症，包括感染、出血、肝性腦病及自發性腹膜炎等。

接著說到肝癌，根據 2015 年的全球報告，肝癌在癌症發病率中排名第六，在癌症死亡率中則排名第四。肝細胞癌占原發性肝癌的 85% 到 90%。目前，肝移植被認為是治療晚期肝病的最有效方法，然而在緊急臨床需求和供體肝的短缺之間，矛盾還是難以解決，因此迫切需要治療肝臟疾病的有效方法。近年來，間充質幹細胞已被提議作為治療肝臟疾病的替代方法。

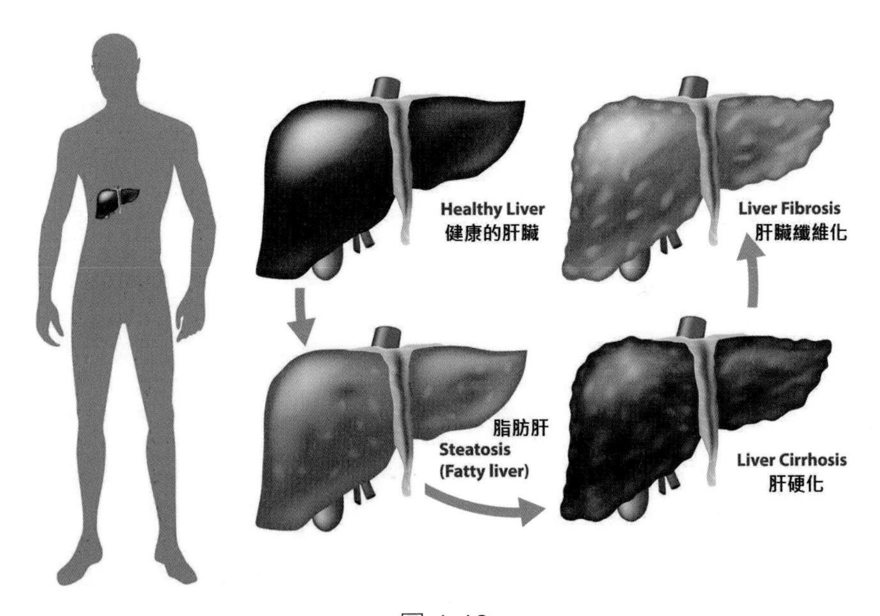

圖 1-12

間充質幹細胞治療肝臟疾病的有效方法

在 2017 年發表的「骨髓間充質幹細胞治療肝豆狀變性引起的肝纖維化之臨床研究」一文，就有提到間充質幹細胞治療肝纖維化的臨床結果，研究人員將 60 例肝纖維化患者隨機分為「青黴胺組」和「間充質幹細胞加青黴胺組」，每組 30 例，記錄治療前後對肝纖維化、肝功能及血清學指標的各項比較。結果發現，治療後兩組的血清學指標水平均降低，而「間充質幹細胞加青黴胺組」的細胞激素水準，明顯低於青黴胺組，說明間充質幹細胞和青黴胺的聯合治療對肝豆狀核變性引起的肝纖維化具有明顯的積極作用[10]，這份研究報告是以針劑施打的方式注入間充質幹細胞，而口服 G-CSF 和 SCF 可以刺激骨髓製造造血幹細胞（$CD34^+$）及間充質幹細胞（MSC），理論上也可得到相同的效果，有待臨床上更進一步的探討。

我們可以看到安全性是這個研究中最受到重視的關鍵點，Sensebe 等人都認為培養的成年幹細胞，特別是間充質幹細胞的

10 骨髓間充質幹細胞治療肝豆狀變性引起的肝纖維化之臨床研究。A clinical study of bone mesenchymal stem cells for the treatment of hepatic fibrosis induced by hepatolenticular degeneration. Zhang D. Genet Mol Res, 2017, 16（1）: 1-10.

基因組穩定性很強，不太可能引起腫瘤。在 BM-MSC 移植後 11.5 年，研究人員進行了訪問，發現 41 例患者中均未觀察到腫瘤或感染。另外，Chen 等人則表明間充質幹細胞輸注可以顯著降低急性肝衰竭患者的死亡率，同時不會造成其他併發症。

骨髓間充質幹細胞（BMSC）對動物肝臟纖維化的功效已得到證實，但在人體方面的研究很少，而在中國，這種研究也還很少。

MSC 可以被定義為具有自我更新能力的多能細胞，它可以產生許多獨特的、分化的間充質細胞類型。MSC 主要來源於骨髓、臍帶、脂肪組織、羊水、經血等；MSC 具有分化成軟骨細胞、骨細胞和脂肪細胞的再生作用。

MSC 具有較低的固有免疫原性，可以通過與各種免疫細胞相互作用來調節免疫反應。歸巢能力是 MSC 在臨床治療中有效應用的關鍵，其定義為阻斷 MSC 在組織脈管系統中，然後遷移穿過內皮。因此，幹細胞療法是治療肝臟疾病的一種策略。

關於 MSC 治療的安全性和有效性，安全性特別對於腫瘤發生是最關注的問題。Sensebe 等人認為培養的成年幹細胞，特別是 MSC 的基因組穩定性很強，不太可能引起腫瘤。在 BM-MSCs 移植後 11.5 年的隨訪中，這 41 例患者中均未觀察到腫瘤或感染。Chen 等表明 MSC 輸注可以顯著降低 ACLF 患者的死亡率，而不會增加嚴重併發症。

60 例肝纖維化患者隨機分為青黴胺（D-penicilli- amine）組和 BM-MSC⁺ 青黴胺組，每組 30 例，記錄治療前後對肝纖維化、肝功能和血清學指標的比較。結果發現，治療後兩組的血清學指標水平均降低，而 BM-MSC⁺ 青黴胺組的細胞因數水準明顯低於青黴胺組。說明 BM-MSC 和青黴胺的聯合治療對肝豆狀核變性引起的肝纖維化具有明顯的積極作用。

經過大量成功的臨床前研究後，MSC 的治療被認為是肺纖維化治療的潛在新方向。在肺纖維化 MSC 的潛在影響，與它們產生大量的生物活性物質與抗炎、免疫抑制能力和血管生成特性。

先前的第一階段研究表明，間質幹細胞（MSCs）在輕度至中度特發性肺纖維化（IPF）患者中具有安全性，並具有一些有益作用。我們研究的目的是評估重度至中度 IPF 快速進展過程中高累積劑量骨髓 MSCs 的安全性、耐受性和療效。在過去 12 個月中，將 20 例強制通氣量（FVC）≥40％且肺彌散性一氧化碳（DLCO）≥20％且下降幅度均> 10％的患者隨機分為兩組：一組接受兩組 每 3 個月靜脈注射同種異體 MSC（2×10^{8} 個細胞），第二組接受安慰劑。總計 1.6×10^{9} 研究完成後，已經向每位患者施用了 MSC。在所有患者中，MSCs 給藥後均無明顯不良反應。在 MSC 治療組中，與安慰劑相比，我們觀察到 13 周的 6 分鐘步行距離、DLCO 的 26 周步行和 FVC 的 39 周顯著改善。MSCs 治療組的 12 個月 FVC 比基線增加了 7.8%，而安慰劑組則下降了 5.9%。我們沒有發現兩組之間的死亡率差異（每組兩名患者死亡）斷層掃描纖維化評分的任何變化。肺功能指標的分析顯示，MSC 具有一定的治療效果，遏制了肺纖維化的快速發展，安全性評估未發現治療相關的顯著不良反應事件，證明了幹細胞治療的有效性和安全性。在 IPF 和肺功能迅速下降的患者中，大劑量同種異體 MSC 的治療，是減少疾病進展的安全且有希望的方法。

肺纖維化

肺纖維化是一種肺部疾病，發生在肺組織受損和疤痕形成時，這種變厚且僵硬的組織使肺部難以正常工作。隨著肺纖維化的惡化，呼吸會逐漸變得越來越短。與肺纖維化相關的瘢痕，可能是由多種因素引起的。由肺纖維化所引起的肺損傷是無法修復的，不過藥物和其他療法多多少少可以幫助緩解症狀並改善生活質量。對於某些人來說，進行肺臟移植也是可行的方法之一。

特發性肺纖維化

特發性肺纖維化（IPF）是間質性肺疾病中最常見的一種，屬於慢性疾病，起源不明，其特徵是肺實質的纖維化轉化發展，主要發生在老年族群。特發性肺纖維化的流行似乎正在增加，這可能是人口老齡化的關係，患者的生存中位數為 3 至 5 年。

特發性肺纖維化可分為三類，包含緩慢惡化、間歇惡化，以及發作加重及迅速惡化。對於最後一類來說，在抗纖維化藥物研發出來之前，患者通常撐不過兩年。

間充質幹細胞治療肺纖維化的有效方法

經過大量成功的臨床前研究後，間充質幹細胞的治療被認為是肺纖維化治療的潛在新方向。

2019 年，《幹細胞轉化醫學雜誌》報導「首次人類高累積量幹細胞療法治療特發性肺纖維化伴肺功能迅速下降」一文，當中提到 20 名受試者被隨機分為兩組，分別為「間充質幹細胞治療組」及「安慰劑組」。肺功能指標的分析顯示，間充質幹細胞具有一定的治療效果，遏制了肺纖維化的快速發展，安全性評估未發現治療相關的顯著不良反應事件，證明幹細胞治療的有效性及安全性[11]，這份研究報告是以針劑施打的方式注入間充質幹細胞，而口服 G-CSF 和 SCF 可以刺激骨髓製造造血幹細胞（$CD34^+$）及間充質幹細胞（MSC），理論上也可得到相同的效果，有待臨床上更進一步的探討。

腎纖維化

腎纖維化是慢性腎臟疾病（CKD）的基本病理過程，是正常傷口癒合過程的病理擴展，其特徵在於內皮損傷、成肌纖維細胞活化、巨噬細胞遷移、炎症信號刺激、基質沉積和重塑。然而，目前治療腎纖維化的方法相當有限，包括血管緊張素轉化酶抑制、血管緊張素受體阻滯、最佳血壓控制和用於代謝性酸中毒

11 首次人類高累積量幹細胞療法治療特發性肺纖維化伴肺功能迅速下降。First in human high cumulative dose stem cell therapy in ideopathic pulmonay fibrosis with decline of pulmonary funcline Alexander Averyanov, Irina Koroleva, Mikhail Konoplyannikov, Veronika Revkova, et al. 2019 年 10 月 15 日，https://doi.org/10.1002/sctm.19-0037，亞歷山大・阿韋里亞諾夫、伊琳娜・科羅萊娃（Irina Koroleva）、米哈伊爾（Mikhail Konoplyannikov）、維羅妮卡（VeronikaRevkova）、維克多・萊斯尼亞克（Victor Lesnyak）。Stem cells translation Medicine: 2019 年 10 月 15 日。

的碳酸氫鈉。

腎纖維化是由於實質組織內瘢痕組織的積累而發展的，它代表了幾乎所有慢性和進行性腎病的協同最終途徑。由於有限的治療選擇影響了全球超過 10%的人口，腎纖維化仍然是主要的公共衛生難題，因為它被認為是慢性腎臟病（CKD）的基本病理過程，而與潛在病因無關。CKD 也是心血管疾病最強危險因素之一。儘管在過去的十年中科學家反複研究了逆轉 CKD 的想法，但是防止 CKD 進展和與 CKD 相關的併發症的現有療法非常有限，目前包括血管緊張素轉換酶抑制、血管緊張素受體阻滯、最佳血壓對照和碳酸氫鈉用於代謝性酸中毒。因此，對腎纖維化的預防或逆轉仍然無效或僅取得了少許成功，並且迫切需要開發一種新的策略來治療這種病理過程。

迄今為止，越來越多的研究表明，幹細胞治療在慢性和進行性疾病中顯著有效。

腎纖維化的特徵是細胞外基質（ECM）的多餘積累，破壞並取代了導致衰竭的功能。因此，多餘的生產導致腎小管間質纖維化和腎小球硬化。腎小球硬化可能是由於內皮細胞或足細胞的代謝，機械或免疫功能障礙引起的，從而導致腎小球膜細胞產生的 ECM 增多。

腎纖維化的病理過程中，觀察到四個階段：第一階段，細胞激活和損傷階段或引發；第二階段，纖維形成信號傳導刺激階段；第三階段，纖維形成階段或執行；第四階段，以及破壞性階段或進展。

間充質幹細胞治療腎纖維化的有效方法

間充質幹細胞在治療腎纖維化過程的前三個階段起了至關重要的作用：

階段一：激活和傷害階段

腎臟疾病導致上皮細胞損傷（E-鈣粘蛋白脫落），成纖維細胞增殖和巨噬細胞浸潤。

階段二：成纖維信號傳導階段

炎症和纖維化信號通路被激活。

階段三：纖維化階段

EMT 增加和 ECM 沉積（EMT 也可能導致 ECM 沉積）。

階段四：破壞階段

纖連蛋白、膠原蛋白、α - SMA 增加，最後是腎衰竭。

骨髓間充質幹細胞（BM-MSCs）可以通過減少促炎細胞因子的表達而通過炎症影響細胞活化和損傷階段，並且它可以通過信號通路（主要是 TGF-β1 / Smad）減少纖維化信號刺激階段，以及 NK-κB 和 ERK。BM-MSC，可以通過限制 EMT 來抑制纖維化階段或執行過程。

MSC 是多能成年幹細胞，可以分化為各種類型的組織譜系，例如軟骨（軟骨細胞）、骨骼（成骨細胞）、脂肪（脂肪細胞）和肌肉（肌細胞）。由於它們具有許多優勢，例如無處不在的來源、方便的採購和收集、免疫原性低，骨髓間充質幹細胞基於 MSC 的治療方法及其特殊的識別標誌物，其不良反應少，因此受到越來越多的關注。基於腎纖維化的機制，MSC 大部分參與整個腎纖維化過程。根據最新和整體文獻評論，我們旨在闡明 MSCs 的抗纖維化機制和作用對腎纖維化的作用，評估其在初步臨床應用中的功效和安全性，回答有爭議的問題，並為 MSC 細胞在腎纖維化的治療上，提供新穎的思路。

2019 年發表的「腎纖維化中的間充質幹細胞：細胞療法的火焰」一文指出間充質幹細胞具有分化並向受傷組織遷移的能力，以及分泌對組織恢復至關重要的分泌因子的能力，因此在腎纖維化具有巨大的治療潛力。

基於間充質幹細胞具有許多優勢，如無處不在的來源、方便採購與收集，較低的免疫原性、較低的副作用等，所以在醫學臨床上的接受度越來越高，它將使細胞療法的火焰繼續燃燒和閃耀[12]，這份研究報告是以針劑施打的方式注入間充質幹細胞，而口服 G-CSF 和 SCF 可以刺激骨髓製造造血幹細胞（$CD34^+$）及間充質幹細胞（MSC），理論上也可得到相同的效果，有待臨床上更進一步的探討。

特別篇——新冠病毒

冠狀病毒雖然是一種很常見的病毒，但新型的冠狀病毒的基因序列，與蝙蝠的冠狀病毒相似度達 87.6%，與 2003 年造成台灣大恐慌的 SARS 冠狀病毒相似度有 79%。

自 2019 年 12 月在中國首次報告以來，新冠病毒大流行已經爆發。截至 2021 年 4 月 19 日，全球已報告超過 1.41 億例 SARS-CoV-2 感染引起的新冠病毒病例，其中包括超過 300 萬人死亡。

12 腎纖維化中的間充質幹細胞：細胞療法的火焰。Mesenchymal Stem Cells in Renal Fibrosis: The Flame of Cytotherapy Quan Zhuang,1, 2 Ruoyu Ma,3 Yanshuang Yin,3 Tianhao Lan,3 Meng Yu,1,2 and Yingzi Ming1,2 Stem Cells International, 2019 年 1 月 13 日。

新冠病毒比 SARS 病毒聰明的理由

1. 潛伏期更長，約 2 至 14 天。
2. 有患者從感染到發病再到死亡，體溫始終是正常的，也就是說發熱不是該病的特徵症狀，通過體溫篩查不能確保完全篩查，這也是疫情爆發後封城的原因。
3. 傳播速度更快，目前只獲得空氣傳播的證據，但不能否定其他途徑。
4. 感染途徑可能包括眼部受到飛沫傳播。

新冠病毒的症狀及傳播途徑

目前已知罹患 COVID-19 確診個案之臨床表現主要為發燒、四肢無力、呼吸道症狀為主，重症個案可能出現呼吸困難並進展至嚴重肺炎、呼吸道窘迫症候群或多重器官衰竭、休克等。

除上述症狀外，亦有部分個案可能出腸胃道症狀（多數以腹瀉症狀表現）或嗅覺、味覺喪失（或異常）等。

當人們暴露於含有病毒的呼吸道飛沫和被感染者呼出的空氣中，其傳播的顆粒可能被吸入或通過觸摸或直接沉積（即咳嗽）

到達人的嘴、鼻子或眼睛。

當長時間靠近時，感染的風險最高，顆粒物可被吸入更遠的距離，尤其在通風不良和擁擠空間裡。小顆粒可以在空氣中懸浮幾分鐘到幾小時，觸摸受污染的表面或物體可能導致感染。被感染的人可以在症狀顯現的兩天之內，將病毒傳播給另一個人；沒有症狀的人也可以傳播該病毒。在中度症狀出現後，人們會持續感染長達十天，而在嚴重病例中，人們會持續感染二十天。

新冠病毒與免疫系統

國際研究指出，嚴重急性呼吸系統綜合症冠狀病毒（SARS-COV 2）在急性感染期間會抑制肺部巨噬細胞的修復功能，同時導致發炎細胞因數與趨化因數大量產生與免疫細胞浸潤，引發嚴重急性呼吸衰竭。

人體免疫系統之組成若以專一性來區分，主要可分為兩大類：先天性免疫及後天性免疫反應。先天性免疫不需經過教育及訓練，可立刻對外來的感染作出反應。透過這種基本的免疫力，人體能主動區別不屬於「自體」的物質，並發動攻擊；NK 細胞（Natural killer cell，自然殺手細胞）、顆粒球（Granulocyte）、巨噬細胞（Macrophage）等便屬於這一類的細胞。這類的細胞反應迅速，是身體中對抗外來病原體的第一道防線，其中 NK 細胞，巨噬細胞被公認為抗癌及抗病毒感染的主力細胞。

後天性免疫則是具有高度專一性的免疫系統，其作用為抵抗「專一性」的外來物。後天免疫有四大特性：特異性（specificity）、記憶性（memory）、可轉移性（trans-ferability）及識別性（discrimination）。後天免疫又可分為兩種免疫機制，第一類為體液免疫（Humoral immunity），是指利用 B 淋巴球所製造的抗體，去辨識並進一步消滅特定病原體的系統；第二類為細胞性免疫（Cellular immunity），則是以 T 淋巴球為主之免疫反應。

先天性免疫反應將外來的感染原吞噬後，呈現抗原來刺激 T 細胞與 B 細胞分化與成熟，進而發育出對特定的抗原有特異性的細胞毒殺性 T 細胞，及促使 B 細胞發育成分泌專一性抗體的漿細胞。

巨噬細胞是種具多用途多功能的細胞，作為體內的「清道夫」，它們會去除體內那些死去的細胞以及其他廢料。巨噬細胞是眾多個細胞中首個「呈遞」抗原的，所以它有個重要的功能就是啟動免疫反應。

肺部巨噬細胞是保護肺部的重要免疫細胞，可清除透過呼吸進入到肺部的外來物、細菌與病毒，因此肺部巨噬細胞對於肺部功能扮演相當重要的角色。

新冠病毒造成嚴重症狀

新冠病毒直接感染人類肺部的肺泡上皮細胞一型和二型，病毒利用人類肺部細胞進行快速複製，對肺部細胞直接掏空，造成肺部損傷。而且，在複製的速度方面，新冠病毒比 SARS 冠狀病毒快。

一型肺泡上皮細胞主要負責肺部的氧氣交換，如這細胞受到損害，患者會出現呼吸困難的情況。至於二型肺泡上皮細胞是肺組織再生和修復損害的關鍵細胞，此細胞被破壞的話，會阻礙患者的肺部修復及感染後的恢復過程。

使用 MSC 幹細胞的理由

MSC 可以通過分裂自我更新，並可以分化為多種類型的組織（包括成骨細胞、軟骨細胞、脂肪細胞、肝細胞等），這導致了再生醫學的強有力的臨床研究議程。

MSC 可以減輕急性肺損傷並抑制 SARS-COV-2 誘導的細胞介導的炎症反應。此外，由於它們缺乏 SARS-COV-2 用於病毒進入細胞的血管緊張素轉換酶 2（ACE2）受體，因此間充質幹細胞對感染具有抵抗力。

在中國進行的靜脈 MSC 移植的初步研究，招募了十例危重、嚴重或常見類型的確診 COVID-19 患者。七例患者（一例危重病，四例嚴重病，兩例常見病）接受了間充質幹細胞治療。三名重症患者接受了安慰劑。接受 MSC 的所有七名患者均康復。而在三名接受安慰劑治療的重症患者中，一名死亡，一名發展為急性呼吸窘迫綜合徵（ARDS），另一名病情穩定。

一項雙盲隨機對照試驗研究了 hUC-MSC（人類臍帶間質幹細胞）輸注在 COVID-19 ARDS 患者中的安全性和有效性。其中二十四名患者被隨機分配在第 0 天和第 3 天接受兩次 hUC-MSC 輸注或安慰劑。在初步安全性分析中，兩組之間沒有差異。然而，到第 31 天，安慰劑組的死亡人數（七例死亡）比 hUC-MSC 的死亡率（兩例死亡）多。hUC-MSC 組的恢復時間短於安慰劑組（HR 0.29； 95%CI，0.09-0.95）。由此可見證 MSC 對修復的效果。

免疫反應失調是治療 COVID-19 的重點

先天免疫應答是抵抗病毒病原體的最初防禦機制，但在病毒感染期間可能會發生過度炎症反應。COVID-19 引起的最可怕的併發症（如 ARDS 和急性心臟損傷）與廣泛的炎症相關。在一項針對 1,099 名 COVID-19 患者的研究中，大多數患者的 C 反應蛋白（CRP）水平升高，這是一種炎症生物標記物。與從

COVID-19 中康復的患者相比，死於該疾病的患者血液中的 CRP 水平更高。

關鍵的炎性趨化因子和細胞因子如白介素（IL）-6，IL-8，腫瘤壞死因子α（TNF-α）、單核細胞趨化蛋白 1（MCP-1）和巨噬細胞炎性蛋白 1α（MIP-1α）是升高 COVID-19 的患者疾病嚴重性的表現是顯著的。在 COVID-19 患者中還觀察到淋巴細胞數減少。在危重 COVID-19 患者，提高中性粒細胞計數，促炎性趨化因子和細胞因子的數量增加，伴隨著免疫細胞數量的變化，表明免疫反應失調，特別是患有嚴重疾病者。這種失調和過度激活的免疫反應一直是靶向 COVID-19 的重點領域。

幹細胞對抗 COVID-19 病毒感染後的修復作用

2020 年發表的「關於在 COVID-19 介導的急性呼吸衰竭中使用間充質幹細胞的見解」，文章指出 COVID-19 相關的死亡率每天都在增加，對於嚴重疾病者存在有效的治療選擇的迫切。在患者中，廣泛的炎症、細胞因子風暴綜合症和免疫反應失調會介導危及生命的併發症，如 ARDS 和多器官功能障礙。MSC 由於具有免疫調節、再生和抗菌特性，因此可以在 COVID-19 的治療中發揮多種治療作用。儘管來自無數臨床研究的數據確定了

MSC 的安全性，但有關 MSC 功效的數據尚無定論[13]。

這份研究報告是以打針的 MSC 細胞治療。而口服 G-CSF 和 SCF 可以刺激骨髓製造造血幹細胞（$CD34^+$）和 MSC。$CD34^+$ 幹細胞增加 NK 細胞和巨噬細胞，是被公認抗病毒感染的主力細胞，以及增加特異性的 T 細胞，及促使 B 細胞發育成分泌專一性抗體的漿細胞。MSC 由於具有免疫調節、再生和抗菌特性，因此可以在對抗新冠病毒中發揮多種作用。這使我們相信，口服 G-CSF 和 SCF 也可得到打針的 MSC 細胞治療相同的效果。

基本的防疫方式

1. 堅決不去人員密集的地方！不得不去公共場所的話，配戴口罩和護目鏡。

---

13 關於在 COVID-19 介導的急性呼吸衰竭中使用間充質幹細胞的見解。Insights into the use of mesenchymal stem cells in COVID-19 mediated acute respiratory failure Nisha Durand, Jorge Mallea & Abba C. Zubair npj Regenerative Medicine 17 (2020): 26 October 2020.

2. 注意個人衛生，勤洗手、洗澡、洗衣。
3. 合理飲食（維生素／礦物質／蛋白質要充足）。
4. 充分休息。
5. 多曬太陽，補充維他命 D。
6. 疫苗接種。
7. 提升免疫力。

B 細胞、T 細胞

抗體是由 B 細胞（一種白細胞）產生的，當它們遇到被識別為異物的細胞或顆粒（例如病毒）時，就會產生這種抗體。即使感染已經清除，這些 B 細胞仍繼續產生抗體，這意味著，如果宿主再次暴露於同一病毒中，則免疫系統可以快速做出反應。血液中抗體的檢測可以表明一個人先前已暴露於一種特定病毒，並可能受到保護以防將來感染。對於某些病毒，例如麻疹，這種保護可能會終身。對於其他人來說，它可能只會持續數月之久。

對於 COVID-19，最近的研究表明，抗 SARS-COV-2 病毒的抗體所提供的保護作用可能在感染後迅速下降。對住院 COVID-19 的患者進行的一項研究發現，感染後幾周，有 10% 的患者沒有可檢測到的抗體水平。另一個發現，在兩到三個月內，已感染但未顯示症狀的 40%的患者中，未檢測到抗體。

更重要的是，存在關於抗體是否可以預防再感染的爭論，如果可以的話，大家更想了解提供這種保護的水平需要多少。目前可以理解的是，感染具有傳染性的疾病並不一定能完全防止再感染。

當病毒入侵宿主細胞，抗體（B 細胞）會對病毒作出反應，這些信號向 T 細胞發出信號，表明該細胞內隱藏著病毒，促使 T 細胞殺死受感染的細胞或激活其他免疫細胞以幫助應對。當 T 細胞遇到能夠結合的特異性抗原時，它們會迅速增殖，以產生能

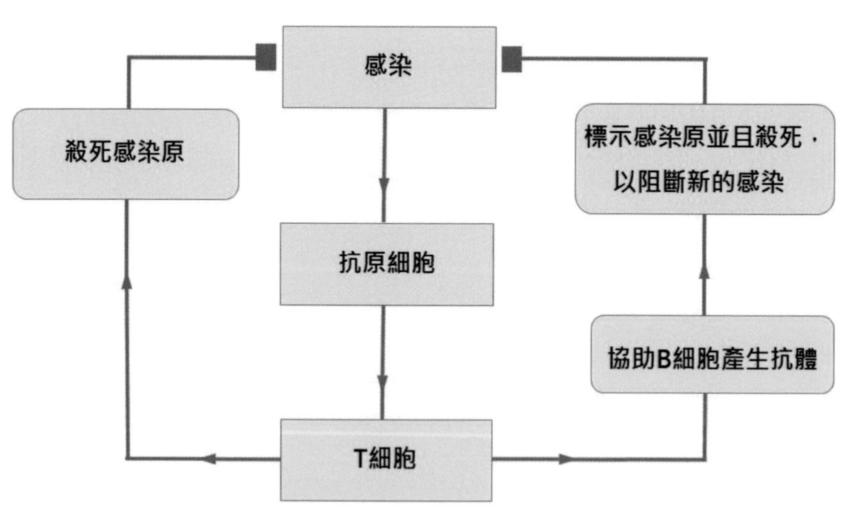

Mohammad AsaduzzamanChowdhury (2020)
Immune response in COVID-19: A review

圖 1-13

夠對感染作出反應的完全相同的 T 細胞。即使感染已經清除，這些 T 細胞仍會以較高的數量保留在體內。瑞典研究發現，抗體只能在約 15%的人中被檢測到，且已發展為 T 細胞免疫力的兩倍左右。這表明在抗體呈陰性的人，可能仍具有免疫系統其他部分所提供的某種程度的免疫力。

COVID-19 疫苗接種

疫苗會教導身體以安全的方式識別和抵抗病原體而起作用，它們會使免疫系統產生抗體（B 細胞）和 T 細胞，因此，以後遇到感染，免疫系統就會知道如何防禦。

當前 COVID-19 疫苗正在使用四種不同的方法：病毒載體、核醣核酸（mRNA）、全病毒和蛋白亞基。

Adenovirus（腺病毒）載體疫苗

通過引入部分致病病毒的遺傳密碼（例如 COVID-19 的「穗狀」蛋白質的密碼），可以改變無害的腺病毒。腺病毒以類似於 RNA 疫苗的方式將代碼傳送到我們的細胞中，開始產生抗體（B 細胞）和 T 細胞，從而攻擊以後真正的病毒。

Oxford-AstraZeneca 是首個被批准用於 COVID-19 的 adenovirus 病毒載體疫苗。後期研究階段的還有更多，例如

CanSino Biologics、Gamaleya 研究所和 Johnson & Johnson。它們都使用腺病毒（一組引起普通感冒的病毒）作為載體。

mRNA 疫苗

Messenger RNA 是身體使用的遺傳密碼序列，它告訴細胞要構建什麼樣的蛋白質，才能發揮功能。為了生產 mRNA 疫苗，科學家開發了病毒 mRNA 的合成版本。當將其注射到我們的體內時，細胞會讀取它作為開始構建相關病毒蛋白的指令，例如 COVID-19 的「spike」蛋白。這會促使我們的免疫系統做出反應，並以此來預防未來的 COVID-19 感染。

目前已批准使用兩種 RNA COVID-19 疫苗：Pfizer-BioNTech 和 Moderna。兩者都報告了高水平的疫苗效力，約 95%。它們是首個被批准用於治療疾病的 mRNA 疫苗。

全病毒疫苗

這些疫苗可能是通過暴露於熱、化學物質或輻射下，病毒的一種版本被滅活病毒疫苗。病毒樣顆粒，一種類似於真實病毒的病毒版本，是人為製造的，但是它不包含任何遺傳物質，因此沒有傳染性。這些疫苗不能引起疾病，但是會導致我們的身體產生免疫反應，從而可以防止將來的感染。

正在開發的一些最先進的滅活 COVID-19 疫苗包括 Sinovac、Bharat Biotech 和國藥集團的兩種。現有滅活疫苗的例子包括百日咳、狂犬病、HPV／宮頸癌疫苗和甲型肝炎疫苗。

蛋白亞基疫苗

一小部分病毒的遺傳密碼被插入到另一個細胞中，該細胞可能是細菌、酵母、哺乳動物或昆蟲細胞。該代碼包含有關該細胞開始構建病毒蛋白（例如 COVID-19「spike」蛋白）的說明。像這樣的細胞可以充當工廠，製造大量的蛋白質，然後將其提取，純化並用作疫苗中的活性成分。注射後，我們的身體會學會識別病毒蛋白，以便它們能夠發出免疫反應，從而防止將來感染。一些使用這種方法的 COVID-19 疫苗，包括 Novavax 和中國科學院。現有的蛋白亞基疫苗的一個例子是 B 型肝炎，它使用酵母細胞來構建病毒蛋白。

群體免疫

「群體免疫」是針對人群的間接保護，當人群通過疫苗接種免疫或先前感染而產生的免疫力時發生的。世衛組織支持通過疫苗接種來實現「群體免疫」。疫苗會訓練我們的免疫系統產生抗體，就像接觸某種疾病時會發生的一樣，但至關重要的是，疫苗的作用不會使我們生病。

為了實現「群體免疫」，需要對 50% 到 80 %人群進行疫苗接種，從而降低傳播的病毒總量。群體免疫的目標之一是使無法接種疫苗的脆弱群體（例如由於健康狀況，如對疫苗過敏的反應）保持安全並免受疾病侵襲。

新冠病毒的變體

像其他 RNA 病毒一樣，新冠病毒不斷通過隨機突變進化。任何新的突變都可能增加或降低傳染性和毒力。突變可以增強病毒逃避過去新冠病毒感染或疫苗接種的適應性免疫反應的能力。這可導致重新感染的風險增加，或疫苗效力降低。

已有證據，某些新冠病毒變體降低了先前受過感染或免疫的人對血漿的敏感性，以及選擇了正在考慮進行預防和治療的單克隆抗體。

自 2020 年 12 月以來，在英國首次見到的 B.1.1.7 變種比早期的變種更具感染力，並且可能更具毒性，它已成為英國的主要變種，並且繼續在全球傳播。最初在南非發現的 B.1.351 變種、P.1 變體最初在巴西的馬瑙斯（Manaus）、美國加州流通的 B.1.427／B.1.429 變體和紐約報導的 B.1.526 變體，這些新變種的出現，對於有關變體如何影響傳播率、疾病進展、疫苗開發以及當前治療方法的功效的研究尤其重要。

總結與觀點

與 COVID-19 相關的死亡人數每天都在增加，對於有嚴重疾病者，迫切需要一個有效的治療方法。在患者中，廣泛的炎症、細胞因子風暴綜合症和免疫反應失調，會介導危及生命的併發症，如 ARDS 和多器官功能障礙。

MSC 的安全性，與其在類似於 COVID-19 肺炎的病理生理情況下使用有關的廣泛臨床前功效數據，以及在 COVID-19 人群中對 MSC 治療產生積極臨床指標的初步報導，讓我們相信，對於具有由高炎症狀態控制的疾病的關鍵表現的 COVID-19 者，MSCs 是一種潛在的有益治療選擇，主要是幫助受損的組織器官進行修復。

而 CD34 活性蛋白可以口服方式提高 MSC 幹細胞，對於感染 COVID-19 病人的組織損傷，應該具有不錯的修復效果，值得更多的研究探討。

儘管認為 MSC 治療在這種情況下可能有益，但我們想強調的是，MSC 不能也不應被視為 COVID-19 的靈丹妙藥，並且在沒有嚴重疾病併發症（例如：缺氧性呼吸衰竭和 ARDS），MSC 治療可能有益。

林佳靜
教授

CH 2

第二章

有健康的細胞才
有健康的身體

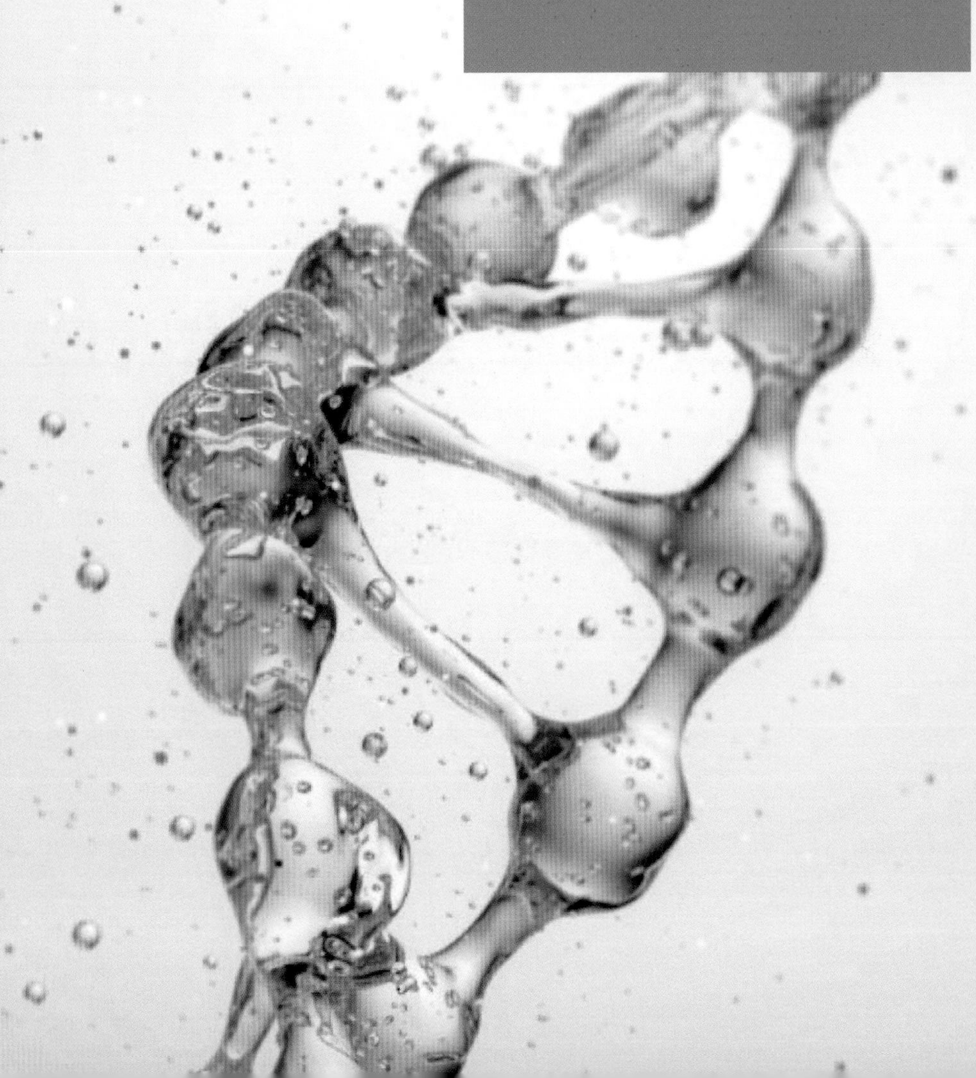

2-1 細胞是生命的最小單位

在生物學的定義裡，細胞指的是構成生物體結構與功能的基本單位，也就是具有完整生命力的生物最小單位，以人體來說，組成結構的層次就是細胞→組織→器官→系統。

細胞

生物體最小單位細胞（圖 2-1）。有自己的遺傳指揮中心（DNA），發出生命密碼訊息（RNA），使得各個部門聯手製造不同功能的蛋白質，進行各種生命現象，維持生命體的存活（圖 2-2）。

組織

由一種或多種功能相同的細胞組合在一起所形成。

器官

數種不同的組織集合，形成特定形狀及功能的構造。

系統

功能相同的器官聯合起來形成系統。

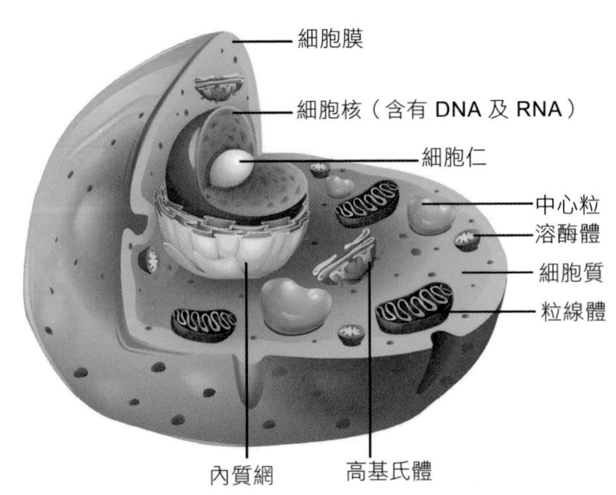

圖 2-1 細胞結構

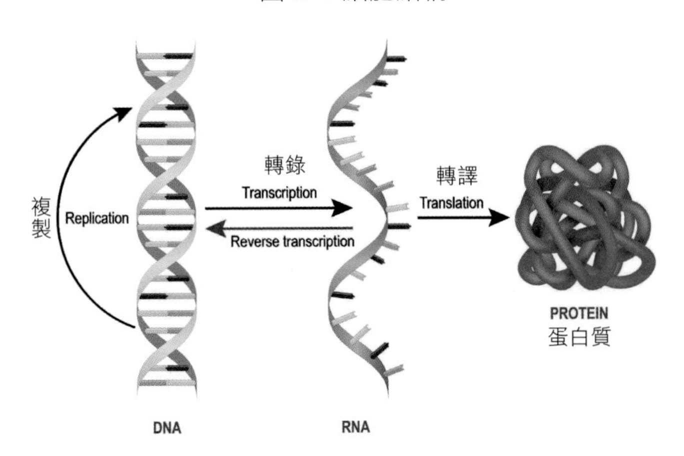

圖 2-2 細胞重要的生命訊息就是基因的表現：轉錄及轉譯。

如果你不瞭解細胞需要如何再生，你又如何保養身體使其除舊布新，讓自己活力旺盛呢？

人是由細胞所組成的

這是一個非常重要的觀念，因此教育部也將其列在十二年義務教育的內容之中。也就是說，基本上我們都能夠理解「人是由功能各不相同的細胞所組成」，因此一旦身體出了什麼狀況，不管是外在的損傷，或是內在的疾病，都應該向源頭去探求解決之道。

隨著科技的進步及人類心智的開化，如今已有非常多不同於傳統醫學理論的聲音出來，包含預防醫學、自然療法、再生醫學等等，這些思維的源起，無非就是來自於人類對於「真正解決健康問題」的渴望。

或許已經有不少人曾聽過「醫師自己都不吃藥」的說法，這是因為化學所製成的藥物難免都會有副作用，況且人體並非由構成藥物的那些化學成分所組成，因此會有這樣的說法出現也不難想像。

醫學臨床的現況

站在研究者的角度，以及站在關懷社會大眾的立場，我想我還是要中立地傳達出我對於醫學現況的觀察與想法。尤其是我知道在台灣有不少人很習慣在日常「自己當醫師」，比方說遇到感冒了、頭痛發燒等等比較輕微的症狀，都會自行到藥房買成藥服用，如果你或你的家人有這樣的傾向，那麼請耐心看完我以下所要分享的兩個觀點，之後再決定是否要持續用同樣的方式對待自己的身體。

誤判導致延誤就醫

一樣以常見的頭痛、發燒為例，一般我們都會認為那是感冒所引發的症狀，有些人可能會選擇多喝水、多休息，讓身體自行修復；有些人則會積極一點去買現成的藥品來服用，以免身體的症狀影響工作或日常作息。但事實上，有很多疾病都有可能伴隨頭痛、發燒等症狀，而且這是身體的急性發炎反應，也是身體給我們的警訊，正確來說，我們應該好好把握機會重新審視自己的健康狀態，尋求醫師的協助找出真正的原因。那個原因不見得會需要我們服藥或進行療程，有可能多休息讓身體的免疫力恢復就能獲得解決，但最重要的是清楚症狀的由來，否則倘若這次的發燒是來自某些健康異常，卻因我們以服用成藥的方式壓制下去而錯失早期發現的機會，那就得不償失了。

化學藥物的作用及副作用

前面我提到了身體的急性發炎症狀，其實大部分會讓我們發疼、痛苦，影響生活作息的外顯症狀，都是來自於急性發炎，比方說腳踢到桌子的瘀青、咳嗽流鼻水、皮膚紅疹等等，只要有適當的應對，基本上我們的免疫力都可以透過自然的機制將這些狀況排除掉。真的遇到身體太疲累、免疫力下降的情況，建議還是要找醫生，萬不得以必須服用現成的藥物時，購買前也請務必看清楚成藥包裝上所註明的適應症及副作用。以非類固醇消炎藥來講，副作用可能會有腸胃不適、潰瘍、出血、腎功能不全、肝功能異常、頭暈、嗜睡等等。我希望大家在使用成藥之前，至少都要清楚知道自己吃下去的藥物可能會引發的其他不良反應。

因為人體的細胞也是有壽命的，不同功能的細胞具有不同的生命週期，如果新生細胞無法及時去補充部分的老舊細胞，那麼老舊細胞失去了該有的功能，此時就非常需要藥物的支援，讓老舊的細胞還能夠工作，就像舊車不更換零件，根本就開不動。但是如果新生細胞不斷的更新，組織器官就不會需要太多的藥物，因為新車性能好，開得快，取代了舊車，新舊必須要能夠不斷更替。

再次強調，醫師的專業度是不容質疑的，身體有任何症狀還是建議要去看醫師，尋求專業的建議。不過，在治療方法的選擇上，倒是可以保持開放的心態，除了傳統西醫之外，多多了解現今醫學的最新發展趨勢，說不定能為自己或家人找到一個更合適的保健良方。

細胞主要運作的基因表現機制

儘管細胞小到肉眼看不到，需要用高倍數的顯微鏡來觀察研究，但其內部卻擁有一套複雜的運作模式，甚至有些專家還會將細胞比喻為一座城市，裡頭有完整的結構，讓細胞能擁有完整的生命力。

本書想要探討的重點是幹細胞及刺激幹細胞增生的生長因子，進而了解一個新的預防醫學發展趨勢，但由於近年來隨著細胞研究的深入，人類不僅得知小小的細胞有多麼偉大，而且更重要的是有許多促進健康或治療疾病的新方法，都跟細胞的結構有絕大的關係，所以在此我還是會條列一些細胞學的內容，並用淺顯易懂的方式帶大家一起來認識與生命息息相關的細胞。

這個部分的重點會鎖定在細胞學與醫療保健發展的關係，藉以讓大家能進一步了解科學家對人類健康所做出的努力與貢獻。

DNA

概略來說，細胞是由細胞核、細胞壁（植物細胞及細菌等）、細胞膜，以及細胞質中所有的胞器而組成。而 DNA（去氧核醣核酸）就在細胞核裡面，是細胞的遺傳指揮中心。DNA 的研究在近 20 年來飛快進步，有許多長年來的未解之謎如今都已水落石出，包含「基因編碼」的資訊解析。現今市場上有不少提供基因檢測服務的公司或研究單位，可以用口腔粘膜樣品就測試出人體的 500 個健康相關基因的報告，對於我們理解自己身體先天遺傳基因有很大的幫助。但是近十多年的生醫新領域——表觀遺傳學（Epigenetics），發現了生活習慣、空氣、溫度等外在環境因素，及食物、飲水、飲酒、藥物等體內微環境因素，也會大大的影響基因的表現（gene expression）。因而許多人生病的原因，並非因為遺傳基因所造成，反而是外在環境與體內微環境因素造成的毒素累積，而使得細胞病變。這也是為何預防保健的知識，是需要普及推廣給社會大眾的，正確的觀念可以大大的降低社會的醫療成本及照護成本。

粒線體

有「細胞的發電站」之稱，能夠提供細胞活動所需的能量，並參與細胞的分化、資訊傳遞、凋亡等過程，在細胞中扮演重要角色。一般而言，人類在 40 歲之後體內的粒腺體會逐漸減少，因而加速老化及罹癌的發生，尤其是腦部、心臟、肝、腎等耗氧量高的組織器官，一旦粒線體衰弱，細胞就會走入凋亡，大量的細胞死亡就造成了器官的衰竭。若將細胞比喻做一輛車子，而粒線體就像是車子的引擎一樣，引擎壞了，車子也就開不動了。

若想維持粒線體的數量及功能，除了日常可以多補充白藜蘆醇（來自於葡萄、蘋果、杏仁果）、兒茶素（茶葉多酚）、菸鹼醯胺、Q10 及綠原酸（來自於咖啡、洛神花等）等營養素之外，多做有氧運動及深呼吸，也會幫助粒線體增生及活化。而運動及飲食對身體的肌肉量也有助益，肌肉比起脂肪細胞含有更多的粒線體，肌肉量多有助於新陳代謝速率及身體的活動能力，也能夠讓身體的使用年限更加長久。

RNA

也就是核醣核酸，DNA 可以把遺傳訊息轉錄成 RNA，再藉由 RNA 的訊息轉譯成蛋白質執行各種工作，而這個過程就是所謂的基因表現。原本科學家認為 RNA 的作用只是傳遞生命的密碼訊息的工作，近十年來才證實藉由操控 RNA，有機會發展出抗癌、防治傳染病及許多慢性病的新療法。目前 RNA 療法的研究已有相當大的成果，美國 FDA 也批准了七種活用 RNA 療法的藥物上市。

蛋白質

是生物體的主要結構，參與了細胞生命活動的每一個進程，基本上所有生物都可以說是充滿水分的蛋白質結構，細胞的形狀由細胞骨架支撐，而身體則由骨骼支撐起體態。肌肉組織及韌帶筋膜等與身體的運動有關，身體產生的各種抗體，血液中維持一定滲透濃度的血球蛋白，生理代謝反應最重要的酵素，以及各種細胞再生的訊號是由不同的生長因子所調控等，這些都是蛋白質結構，可見得蛋白質對生物的重要性。DNA、RNA、蛋白質就是生物體最重要的三種分子，彼此間有著密不可分的關係，而蛋白質是能讓細胞中的各個部門聯手製造不同功能的主要角色，也是基因表現的主要產物。蛋白質的組成是由食物中獲得的必需胺基酸所組成，然後再由細胞代謝形成另外非必需胺基酸，因此近年來對於蛋白質及胺基酸在營養學、醫學層面的研究發表也非常熱門。

有些基因有缺陷的遺傳性疾病，就是無法產生正確胺基酸排列的蛋白質，如果這蛋白質又正好是有扮演關鍵性的角色，那麼就必需施打蛋白質藥物，例如：第一型糖尿病施打胰島素，骨髓移植施打白血球生長因子（Granulocyte-Colony Stimulating Factor, G-CSF），病毒感染施打干擾素等等。目前無法在細胞體外用化學合成的方式大量生產人類的蛋白質，可以藉由其他物種的細胞當作蛋白質工廠。藥廠多數是利用微生物，例如：大腸桿菌成功植入了人類 cDNA 的質體（plasmid）後，在大型培養槽中培養，當細胞產生蛋白質後，再經過純化與正確折疊，才能成為具有活性結構的蛋白質。因為 DNA 轉錄成 RNA，RNA 轉譯成蛋白質，必須在活細胞內才能進行的工作，所以實驗過程是需要複雜性的生物技術，而且使用的純化耗材也是昂貴的。目前能夠生產蛋白質的藥廠，在生醫技術先進的國家都是非常具有市場價值及潛力的明星。

端粒酶

人體的雙股螺旋 DNA 在末端的地方有固定雙股的端粒（telomere），是一個片段重複 1,000 次的序列，目的是為了穩定雙股螺旋 DNA 不要打開來。但是以細胞分裂而新生的 DNA 複製過程中，端粒是會愈來愈短，終究短到基因表現的重要序列時，也就是端粒的盡頭，是細胞老化死亡的時候。但是高等生物是具有一個裝置可以增補變短的 DNA 端粒，那就是端粒酶（telomerase）。有趣的是，人類的不同組織器官具有不同活性的端粒酶，主要是在腸黏膜細胞、表皮細胞、生殖細胞（卵與精子）及最具有分化潛力的幹細胞，具有非常好的端粒酶活性。二十年前的科學界非常興奮有這項發現，認為也許提高全身細胞的端粒酶活性，就是能夠達到長生不老的解決之道。可惜的是，自從發現癌細胞竟然也是具有強烈的端粒酶活性，是以癌細胞可以不斷分裂形成腫瘤，最後侵蝕到正常細胞的生存而結束生命。原來最具有生命力的細胞，卻是兩類相當極端的特性，一種是代表新生，一種是代表死亡。可惜的是，利用提高端粒酶的活性來達到長生不老的科學夢想，終究破滅了。

2-2 生生不息的幹細胞

承續上一小節的內容，我們對細胞的構成有基本了解後，接著就要來看細胞的一生，這部分會出現許多重要的數據，用以幫助大家更全面地理解細胞的運作。

首先要談到的是細胞的數量。人體的所有細胞加總起來，共有約 40 兆到 60 兆個，以人體的再生能力的巔峰約是在 20 歲左右。之後，就開始逐漸走下坡了。平均來說每天死亡的細胞數量大約在 700 億左右，其中包含了約 10 萬個腦細胞，所以到了 80 歲，幾乎剩下一半左右。

身體依照功能性的不同可分為四大組織，包含上皮組織、結締組織、肌肉組織、神經組織；還可進一步細分為神經細胞、肌肉細胞、脂肪細胞、免疫細胞、表皮細胞、骨質細胞、造血細胞、生精細胞等等，都是已經分化的細胞，都有各自的生命週期，且因為端粒的長度及端粒酶的活性在不同分化的細胞都已經被設定好了，終其一生，不可能全部都能夠一直在進行有絲分裂，已經分化的細胞不可能一直進行 DNA 無限代數的複製。所以人隨著時間的流逝，一定會逐漸老化，正常的老化是自然現象。

但是如果重要的器官在一生中老化的過程中，死亡太多的細胞而無法新生，那麼器官就會喪失功能而導致生命的終結。因為某些因素加速器官進行老化死亡，那就是疾病。

幸好，成人的身體中尚可以產生具有潛力幹細胞的源頭（niche），只要微環境恰當，終其一生皆能夠產生源源不絕的幹細胞，讓重要的器官能夠至少維持基本運作，而延長有品質功能的老年生活。

身體中具有較多源頭的地方，包括有皮膚肌底層、骨髓、腸黏膜組織、肝臟、睪丸、脂肪組織等等。這些具有幹細胞源頭的組織器官，自然而然修復新生的效果就比較好。但是，以屬骨髓是可以支援其他組織器官的不足為最有力的後盾，而骨髓可以說是成人身體中最大的寶庫，擁有相當多的源頭，當接收到幹細胞生長因子（stem cell factor, SCF）及 G-CSF 的訊號時，可以增生並趨動很多的 $CD34^{+}$ 造血幹細胞（hematopoietic stem cell, HSC），然後去分化成為血球細胞，例如：T 細胞、NK 殺手細胞、B 細胞、中性球、巨噬細胞、紅血球、血小板等等（圖 2-3）；此外，骨髓也會產生間質幹細胞（Mesenchymal Stem Cell, MSC），接著分化成為各種組織器官的新細胞，包括：神經細胞、造骨細胞、腸黏膜、肌肉、肺泡、胰臟、脾臟等等，取代部分老舊的細胞，讓器官能夠維持基本的功能（圖 2-4）。而每一種細胞分化的時間並不相同，表皮細胞為 28 天，以神經細胞而言就要至少 6 個月的時間分化及成熟（圖 2-5）。

因為骨髓產生幹細胞是身體的最有力後盾，所以骨質疏鬆及脊椎滑脫、脊髓受傷、骨刺神經發炎的朋友，產生幹細胞的能力會大量下降的，則更需要加強保養。

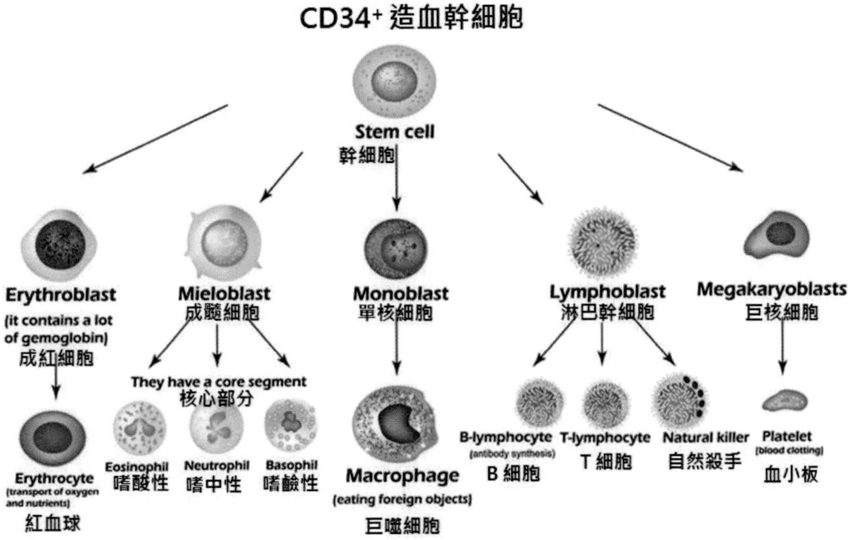

圖 2-3 CD34+ 造血幹細胞可以分化成免疫細胞、紅血球、血小板等血球細胞。

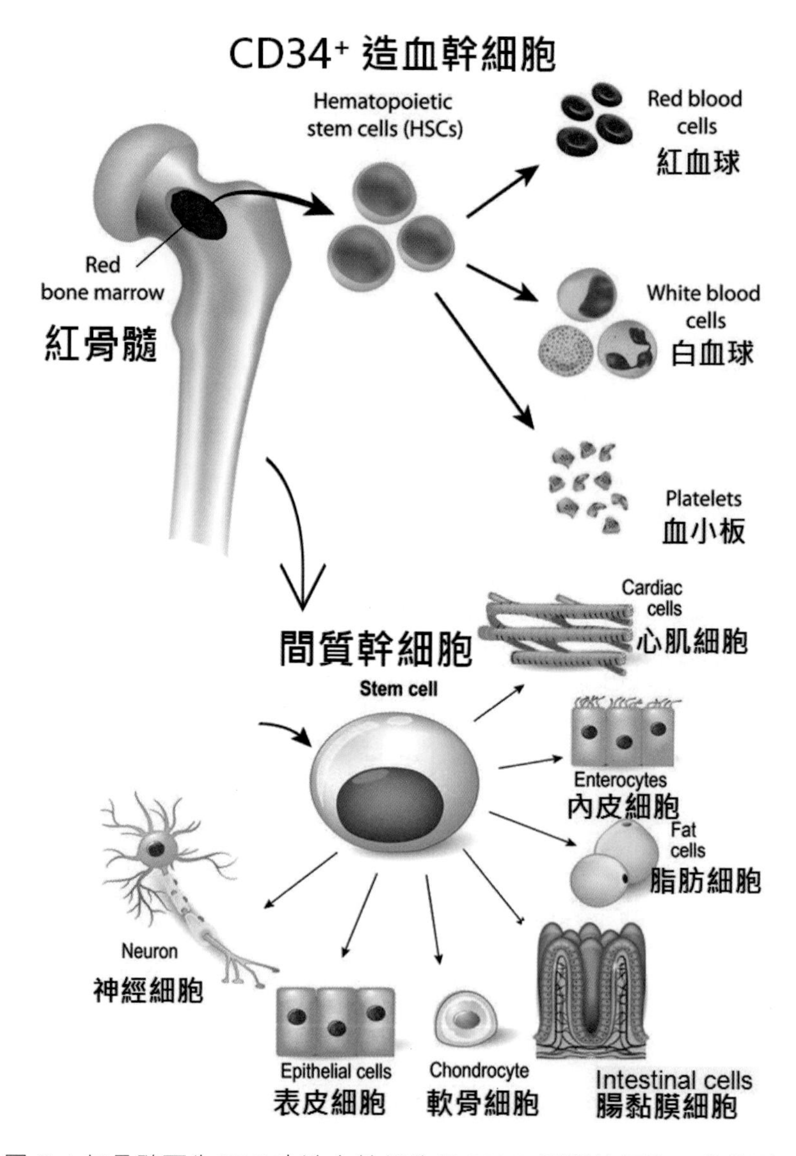

圖 2-4 紅骨髓再生CD34^{+} 造血幹細胞及 MSC 間質幹細胞，分化形成各種細胞，終其一生，源源不絕、生生不息。

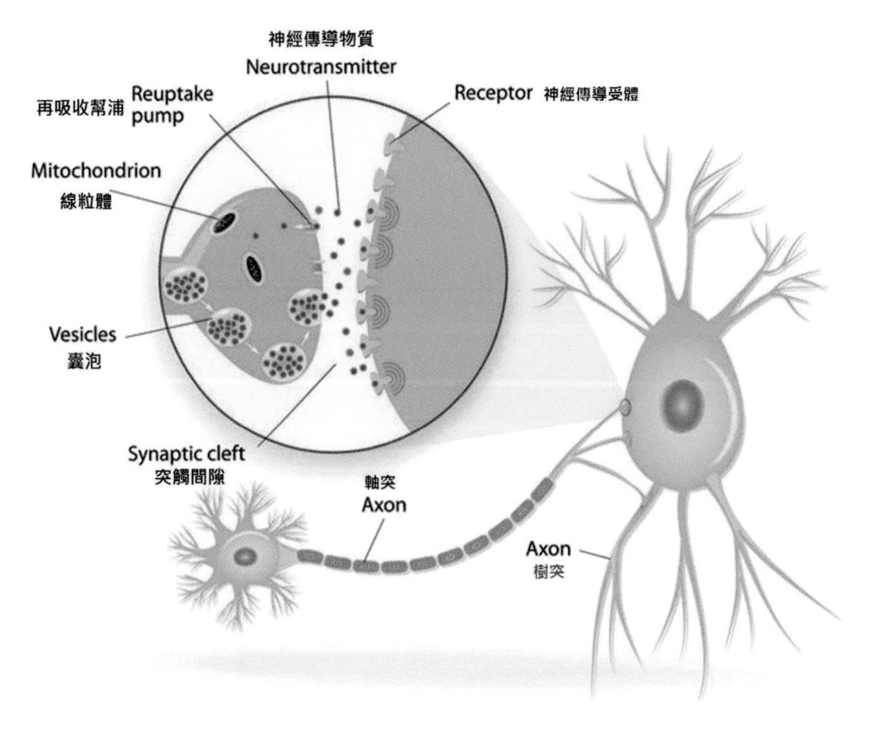

圖 2-5 幹細胞分化形成神經細胞，並形成軸突及樹突，至少需要 6 個月。

血球細胞

骨髓造血幹細胞會繼續分化成免疫及造血細胞，介紹幾種已分化的血球細胞。

吞噬細胞

也就是白血球的一種，負責保護人體健康，會以吞噬的方式消滅外來的細菌、壞死的細胞及其他有毒物質，單核細胞及巨噬細胞都是吞噬細胞的一種，屬於大吞噬細胞。另外還有小吞噬細胞，以中性粒細胞為主，身體各處若有發生急性發炎，中性粒細胞會是產生主要反應的細胞。

T 細胞

淋巴細胞的一種，具有細胞毒性，是免疫系統中的「殺手」，會主動殺死產生抗原反應的目標細胞。

B 細胞

也稱 B 淋巴球，是白血球的一種，在後天免疫系統中負責分泌抗體的任務，可以產生標記外來病毒的蛋白質，協助 T 細胞辨識入侵者。

血小板

也稱血栓細胞，是組成血液的一部分，可與凝血因子一起產生結塊作用，對出血部位進行反應，達到止血的目的。

紅血球

紅血球帶有血紅素，是將肺臟吸入的氧氣輸送到細胞，進入細胞的粒線體，氧氣承接電子及氫形成水，而電子釋放出的能量轉換成 ATP。接著，紅血球置換細胞產生的二氧化碳送至肺臟呼出體外排出。

根據以色列科學家的最新普查估算（2021 年 1 月），一個成年人每秒有多達 380 萬個新細胞上線開工，其中有 90%是血球細胞，由骨髓製造而來，這也證實了骨髓造血的強大能力。

細胞的凋亡與更新

已經分化的細胞壽命各不相同，目前所知大約平均每 7 年更新一次，所以也有人會開玩笑說如果有個超過 7 年沒見面的朋友，就等於是個陌生人了，因為他身上的細胞全都汰舊換新了。既然細胞是會不斷凋亡及更新的，那所有細胞的生命週期都是一致的嗎？答案是有長有短，長的有平均 20 年更新一次的，也就是心臟細胞，短的也有 2 到 3 天就更新一次的，像是腸道細胞。

細胞平均更新週期

腸道細胞：2 到 3 天。

胃細胞：7 天左右。

腦細胞：負責嗅覺及記憶區域的腦細胞，約 10 天更新一次。

味蕾細胞：14 天左右。

白血球細胞：骨髓幹細胞，平均 13 到 20 天會分裂生長出新的白血球細胞。

肺表面細胞：14 到 21 天。

表皮細胞：平均每 28 天更新一次。

紅血球：4 個月。

肝臟細胞：5 個月。

骨骼：10 年。

心臟細胞：20 年。

造成幹細胞產生量的不利因素

幹細胞的生成也是需要身體具有良好的微環境，如果身體的血管有阻塞、血糖控制不穩定、脊椎骨骼錯位等等，這些都會造成發炎，而使得自體幹細胞的產生量下降，即使幹細胞產生了也很快耗損，就為了去進行這些因素所造成的組織器官的修復。可惜的是，幹細胞本身並沒有能力去清除血管的阻塞，也沒有能力直接下降血液中的高糖分，更加沒有能力去矯正已經錯位的脊椎，所以身體生理上的問題必須先行改善。列舉幾項大多數人幹細胞產生量的不利因素如下。

壓力

一般而言，人體的老化與幹細胞有相當大的關係，如果體內的微環境好，讓幹細胞能夠不斷複製分化細胞進行修復，那麼老化的速度自然就會慢一些。然而若是生活中的環境壓力或精神壓力偏大，每天都處於高壓狀態下，比方說自我要求較高、生活中有較多緊張煩憂的人，自律神經不協調影響消化功能，也影響睡眠品質，腎上腺素、甲狀腺素往往就會分泌過多，代謝過程會產生毒素，長期影響到骨髓幹細胞產生的效率。所以，緊張壓力大的人，其實會大量耗損幹細胞的用量，進而對身體健康造成大大的傷害。

現在很多人因為工作壓力大，有時為了提神工作而有喝咖啡過量的情形。其實早上一杯濃咖啡已足夠，再多咖啡因也是毒素來源，反而造成心臟細胞過度工作而產生心悸及無力，其實相當反效果，會讓身體處於更大的壓力而並不自知。

有研究指出釋放壓力最好的方法是：走出房子外，到大自然中去運動，去爬山、看海，走森林步道、去吸收芬多精，去海邊衝浪、郊遊，大自然的運動是最療癒的方式。所以周末要釋放壓力，就去郊外踏青玩樂吧！

因為壓力造成的生理疾病，幹細胞是可以協助受損細胞組織的修復的，但是，幹細胞無法幫你解除壓力來源。我們也可以藉由一些科學方法，讓腦部產生 α-腦波，這是放鬆、快樂的舒活波，也能夠幫我們解除神經性的緊張及壓力。

不正確的姿勢

如果因為坐姿、站姿、睡姿不良，使得四肢骨關節、頸椎、胸椎、腰椎有錯位時，造成骨刺生成，韌帶、肌腱、神經發炎，淋巴、血液循環不良等現象，都是需要靠復健運動做矯正。例如：長期低頭打電腦、看書、滑手機容易造成脖子頸椎的富貴包，其實就是大椎穴瘀堵發炎，長期會導致肩頸痠痛、腦栓塞等疾病。可以常常貼牆縮下巴站立，5 到 10 分鐘做姿勢矯正。

幹細胞可以幫助因姿勢不良造成的受損區域修復，但是無法協助矯正錯位的地方，甚至因為錯位的地方一直產生發炎激素（inflammation cytokines），這也是造成臨近細胞組織死亡的慢性毒素，反而大量的耗損幹細胞去進行不斷地修復。這時候，矯正姿勢、矯正脊椎復位、復健震鬆僵直鈣化的筋膜，才能真正解決產生發炎毒素的根源。

睡眠

細胞新生的最佳時段是在晚上 11 點到凌晨 2 點左右，包括骨髓幹細胞在內。在這個時段也正是腦部進行垃圾清洗的工作，由血液及脊髓液交叉進行沖洗毒素。如果這個時段並未進入深層的睡眠，那麼毒素就會累積與幹細胞產量下降，長期容易造成失眠、憂鬱、記憶減退，嚴重時就出現失智現象。

如果壓力太大，腎上腺素、甲狀腺素分泌太多造成交感神經太旺，副交感神經太低，此種狀況也會影響晚上的睡眠品質，不易入睡及淺眠，也會影響腦部清除垃圾及幹細胞產量下降。

所以睡眠的時段及深層睡眠品質對於骨髓幹細胞的產生量，也是重要的因素之一。

運動

在平常生活習慣中，有氧運動是證實可以激活腦神經幹細胞，會進一步增進老鼠空間學習與記憶功能。此外，規律運動對於人類因老化造成認知功能損傷及老年癡呆等疾病，具有預防效果，目前流行病學的研究結果也支持這個現象。這也是為什麼腦部中風或者脊髓受傷手術開刀之後，復健是一項重要的復原工作。運動不一定要作非常激烈的有氧運動，有研究顯示：每日走路半小時，對於激活幹細胞新生的生長因子、神經滋養因子等就有明顯上升的效果，對於激活腦幹神經細胞與骨髓幹細胞都有很大的助益。

如果躺在床上連續 3 日以上，首先肌肉就開始退化，長期也會影響腦部的退化。喜歡長時間坐在沙發上的人，也是會有這樣的現象。所以活到老，不僅要學到老，也要動到老。

腸胃道毒素

腸胃道雜菌也是身體一大毒素來源，常見的問題有胃部幽門桿菌，是造成胃潰瘍的罪魁禍首，長期累積毒素易造成胃癌；腸道便祕而毒素回吸，造成菌相不平衡，又更加強毒素產生，惡性循環；胃食道逆流造成胃食道灼熱發炎，通常是飯後兩小時內平躺下睡午覺或晚覺而造成。而以上這些腸胃狀況也是長期影響身體耗損的原因，因此骨髓幹細胞產生的數量也是會下降。所以，一定要重視腸胃道的菌相問題，可以益生菌（Probiotics）來改善腸胃的好菌相，抑制雜菌生長，並且以植化素來協助抗發炎的問題。

因為腸胃道雜菌造成的生理疾病，幹細胞可以協助受損細胞組織的修復，但是，幹細胞無法抑制雜菌的生長。

發炎毒素

身體有發炎，就會耗損血液幹細胞。因為發炎激素（inflammation cytokine）就是細胞的求救訊號，包括有 IL-1、IL-6、TNF-α 等，視為細胞彼此進行溝通的訊號傳遞分子，就像大樓警報響起會引來保全人員，或引發消防系統噴水，細胞激素能在短時間內啟動發炎反應及召喚大量白血球。一旦發炎，先由白血球過去發炎區域做對抗，之後再進行細胞新生、血管重建、神經細胞再生等，可以說是先破壞再重建，這些是周邊血幹細胞可以去協助的修復功能。所以，身體有發炎，就會耗損周邊血幹細胞的量。而周邊血幹細胞主要來源是骨髓幹細胞，如果骨髓沒有製造足夠的幹細胞做後盾支援，那麼長期的慢性發炎，就會造成組織器官的修復能力下降，縮短使用年限，非常容易形成嚴重的老化性疾病，例如：中風、心血管疾病、糖尿病、神經退化性疾病、腎臟衰竭、癌症等等。所以身體有發炎，都不能小覷。有時候慢性發炎自己並不會知道，像是內臟脂肪多的肥胖、牙周病、骨刺、過敏發炎、胃部幽門桿菌、腸道發炎等等，這些都是要重視並且解決的。

三高（高血壓、高血脂、高血糖）造成的血液毒素

血液的血管硬化、血脂、血糖過高，是中風的主要風險。動脈血液中如果堆積了粥狀硬化的垃圾，通常就是過多的膽固醇、三酸甘油酯、糖分所造成的氧化現象，形成的過氧化脂質、糖化自由基與血液纖維蛋白糾結在一起，出現了血管壁的沉積物，逐漸造成血管內皮受傷產生疤痕且鈣化硬化。血液毒素如果沒有時時清掃，累積個 20 多年，哪一天塞住了血管，就是栓塞性中風了；如果血管壁硬化而沒有彈性就是高血壓的現象，血管硬化到龜裂，那就是出血性中風。所以平日血液的清潔工作必須受到相當的重視。幹細胞並沒有辦法直接有降三高的功能，反而是有三高的人，自體幹細胞的產量會下降。

科學研究已經非常清楚：低密度脂蛋白膽固醇（low density lipoprotein cholesterol, LDL-C）主要應用於和其他的脂蛋白共同推斷冠心病的危險機率。LDL-C 是評估冠心病的「關鍵指

標」。雖然 LDL-C 是人體重要的脂蛋白，可運送膽固醇到全身供細胞利用。但血中 LDL-C 的濃度過多過剩，容易在血管壁造成堆積，與纖維蛋白原、血小板、巨噬細胞等作用，形成血管粥狀硬化，阻塞血管。所以血液中過多過剩的 LDL-C 會造成動脈粥狀硬化，就是俗稱壞的膽固醇。因此 LDL-C 過高，被視為血管阻塞的危險因子。一般認為 LDL-C 超過 130 mg/dl，或 LDL-C / HDL-C 的比值超過 3.5，都是發生心血管疾病（冠心症、中風等）的高危險群。

而血液中的高密度脂蛋白膽固醇（high density lipoprotein cholesterol, HDL-C）的主要功能是結合末梢血管的膽固醇回肝臟代謝。它可減少 LDL-C 在細胞組織中的堆積，讓多餘的膽固醇不會沉積於血管中，防止粥狀硬化阻塞血管，因此被視為好的膽固醇。也就是將血液中過剩過多的 LDL 帶回肝臟分解，也稱之為血液中的清道夫，是體內防止動脈硬化的重要物質。所以 HDL-C 濃度高一些是比較可以保持血液的清澈通暢，它的最大用途是可用來評估冠狀動脈疾病的發生機率，HDL-C 偏低是冠狀動脈粥狀硬化及冠心病發生的重要預測指標，三酸甘油酯過高常是造成 HDL-C 偏低的原因之一。通常 HDL-C 小於 30 mg/dl，或「總膽固醇 / HDL-C」的比值大於 5.0，都代表發生動脈粥狀硬化有較高的機率。

血糖高是另一大中風的主因。由於，糖尿病人發生腦中風的危險性也較正常人為高，如果合併有蛋白尿、視網膜病變和自主神經病變，則風險更高。在早期的研究顯示，糖尿病族群因為血壓相對較高而導致中風的發生增加，但是後續研究發現高血壓、高血脂等因素固然會增加中風的發生，但是經過多變項迴歸之統計分析，糖尿病本身還是中風的獨立危險因子，中風的機會增加2 到 3 倍。如果再加上血液膽固醇 LDL-C 過高，而 HDL-C 過低，那麼合併的風險就大大的增加。所以必須積極控制多項風險因子，包括：吸菸、高血壓、高血脂、高血糖、蛋白尿等風險。

糖尿病患者在目前認為是一種代謝症候群，常伴隨有高血壓、肥胖、血中的 LDL-C 及三酸甘油酯過高等，長期會對血管所造成的影響因素包括：發炎反應、內皮細胞功能受損、血小板被活化容易凝集、胰島素阻抗。綜合這些因素使得動脈粥狀硬化加速進行，導致血栓形成而引起中風的心血管疾病。至於糖尿病增加中風機率主要是缺血性中風，包括小洞梗塞及大血管的栓塞，但對於出血性中風的發生影響較少。

因為三高（高血壓、高血脂、高血糖）造成的毒素，引起中風的風險極高，所以降三高是清除血液毒素的首要工作。因為三高造成的組織器官受損，幹細胞可以協助受損細胞組織的修復。但是，幹細胞無法幫你直接改善三高的問題，必須藉由運動、控制飲食、藥物來獲得直接的改善。如果是第二型糖尿病在初期注重運動、控制飲食而能夠控制住血壓、血脂、血糖值的話，那麼藥物就可以不使用了。但是如果使用了藥物，就不得隨意停藥，因隨意停藥會造成血糖控制不穩。有些人吃了糖尿病的藥，但不控制甜食、水果，仍然血糖會控制不穩。只要血糖控制不穩，則中風風險依舊偏高，所以，飲食控制血糖仍然是最重要的基本要件。若是糖尿病病人的血液中血糖不穩，糖分自由基攻擊了各種組織器官，讓很多組織器官受傷發炎，例如：下肢黑腫壞死、腎臟衰竭、心臟衰竭、眼睛病變、神經病變、傷口癒合不良等等，幹細胞就可以幫助受損的區域復原，避免惡化。但是，幹細胞並沒有辦法直接下降血液中血糖的功能，這點是大家要注意的知識。

如何挑選食物來改善三高呢？

三高帶來的傷害其實相當大，是多數人快速老化的主要原因，如果生活習慣上能夠預防，那麼就不會耗損太多骨髓產生出來的幹細胞了。有些人即使有服用藥物進行控制三高，但長期仍然有中風、神經病變、眼睛病變、心血管疾病、腎臟衰竭、失智等等的風險，尤其是中風。因此由生活習慣來控制三高仍然是最重要的基本條件，毒素的排出是藥物做不到的。

以降血脂而言，食物中要吃對好油（意指Ω 3、6、9 比例符合人體需要的脂肪酸）效果顯著。而大部分人的食物中會比較欠缺Ω 3 脂肪酸，Ω 3 脂肪酸中主要形成血液中 HDL-C 是 DHA（帶有六個不飽和鍵的Ω 3 脂肪酸）。DHA 的食物來源主要在深海魚（鮭魚、鮪魚、鯖魚等）的魚肚及眼窩的部位；少數的植物油也含 DHA，例如：印加果油。所以適當的Ω 3 脂肪酸 DHA 可以提高好的膽固醇 HDL-C，可以清除血液過剩的 LDL-C 壞的膽固醇，而且 DHA 還具有抗血管內皮發炎的效果，對降血脂、抗發炎相當有助益。

此外，植化素（植物所含的色素具有抗氧化功能，phytochemicals）具有清除氧化自由基毒素的抗氧化功能，那些在血管中沉積的膽固醇、油脂、糖分、血蛋白等氧化自由基物質，經年累月硬化了、鈣化了，其實不容易清除。而植化素中的檸檬酸、蘋果酸確實是具有相當不錯的軟化血管效果。植物中自己會產生對抗太陽 UV、溫度、土壤環境不良等環境壓力所產生傷害，而那些物質多數以小分子色素的形式保護植物本身，科學家稱之為植化素。很多科學報告的證實，有許多植化素對人類的健康有助益，被稱為第七大營養素，功能有抗氧化、抗發炎、抗菌、抗病毒、抗癌等等，常見的成分有：有機酸類（檸檬酸、蘋果酸）、花青素（anthocyanin）、類黃酮（flavonoid）、兒茶素

（catechin）、引朶（indole)、茄紅素（lycopene）、綠原酸（chlorogenic acid）、維生素 C（ascorbic acid）、維生素 E（tocopherol）、胡蘿蔔素（carotene）、苦瓜素（charantin）、槲皮素（quercetin）、木犀草素（luteolin）、甾醇（sitosterol）、多角甾醇（daucosterol）、 類化合物（terpenoids）等等。不同結構的抗氧化成分，對不同的毒素有排毒的功能。

作者的研發團隊也在植化素的研究上著墨多年，探討薑黃素、苦瓜素、洛神花多酚在脂肪細胞的脂質代謝、醣類代謝、長壽蛋白的顯著提高；而且在神經細胞具有明顯抗發炎、抗老化機制上的調控。也進行動物實驗證實效果，並將成果發表於國際性科學期刊及台灣出版書籍。確實不同植化素有不同的效果，可以針對控制三高，做不同的比例的調配。所以，平常飲食中要注意多一些不同顏色的蔬菜搭配，以及水果每日兩份搭配（因水果甜分偏高，不宜多食），這樣就能夠吃到不同功能的植化素。但是因為烹煮的高溫，油炸、燒烤的方式，都會破壞不少植化素原本的抗氧化功能，所以更是要注重品質及足夠量的攝取。

每日重視植化素的攝取，因為是天然抗氧化物，能夠淨化血液、提高 HDL-C 與降低 LDL-C、穩定血糖、抗發炎，是保養血管、避免三高很重要的食物成分。如此中風、腦部退化、癌症、心血管疾病的罹患機率就可以大為下降，當然骨髓幹細胞就不會因為這些疾病而大量耗損，也就有機會去提升身體各方面的機能了，包括免疫力、造血功能、修復功能。

預防的重要性

雖然每個器官組織仍然存在有些許的幹細胞源頭，但數量還是有限的，尤其是大腦及心臟，本身修復速度就慢，若再加上慢性發炎持續發生，細胞就會加速凋亡，進而導致疾病的產生。

以醫學的角度來看，當器官的細胞死亡數目到達一定量時，就會開始出現功能障礙的現象，就稱之為疾病。以大腦來說，幾種人人聞之色變的腦部退化性疾病，包含失智症、巴金森氏症、小腦萎縮等，就與腦細胞快速死亡脫不了干係。當然不只大腦，舉凡心血管疾病（心肌萎縮、心室肥大、心律不整等）、癌症、腎衰竭、眼睛病變等，都是一旦發現疾病了就難以恢復到百分百原來的功能。譬如說是水晶體，本身是透明的蛋白質體，一旦因紫外線、藍光讓蛋白質變了性，形成了白點，就是所謂的白內障，即使是幹細胞新生也無法讓變性的水晶體恢復透明，就只能手術剔除白點了。

因此為了我們的健康，真的要未雨綢繆，尤其是在 40 歲過後，開始保養身體的良好微環境，藉以在器官開始衰弱的初期就先保養提高幹細胞生長因子做為訊號，來啟動幹細胞源頭，產生幹細胞，生生不息、源源不絕，當產生足夠的幹細胞數量，就可以達到器官衰弱初期的再生修復。也就是說，在我們處於亞健康狀態的時候，就要讓幹細胞儘速修復受損的細胞，並且快速復原到年輕時的健康狀況，當然就不致於出現嚴重的疾病症狀。

可惜的是，人體最重要維持生命的兩個重要器官：心臟及腦，竟然是含有最少的源頭。心臟可以說幾乎沒有，所以一旦心肌衰竭很難修復新生，目前科學報告中發現骨髓幹細胞能夠支援於心臟微血管的再生效果比較明顯。即使是如此效果有限，但對於心肌血管梗塞的慢性心臟衰竭的病人而言，能夠新生一點微血管輸送心肌細胞氧氣及養分，卻也是一種延長心臟使用年限的辦法。

另外，腦部只有兩個區域具有一點點源頭，存在於：海馬迴——掌管學習記憶神經再生、嗅球區——掌管嗅覺神經細胞再生。至於這兩個區域的神經細胞再生功能還是不錯的，所以人可以活到老、學到老，並維持嗅覺的靈敏度。但是如果因為某些因素而造成大量發炎激素及毒素跑到腦部，例如：腦部外傷、脊髓受損、血液毒素、腸胃道毒素等等，若使得這兩區域的幹細胞無法再生時，會讓腦部細胞代謝毒素的機能下降而產生很多的蛋白質垃圾，例如：類澱粉（β-amyloid）、神經纖維糾結（neurofibrillary tangles）等，是造成阿茲海默失智症的垃圾；而腸道裡的微生物菌相不佳時，會發生異常折疊的α-突觸核蛋白（α-synuclein, SNCA）的垃圾，在腸道內經由迷走神經擴散至腦部多處，是罹患巴金森氏症的關鍵成因。這些毒素的日積月累，逐漸造成了神經細胞的死亡，最終出現無法挽救的巴金森氏症神經退化性疾病。

如果產生細胞傷害的同時，一邊能夠終止繼續產生的發炎現象及毒素，一邊能夠活化神經幹細胞的新生，這樣就能夠有效地停損惡化的速度。所以雙管齊下，多吃上述的植化素來排毒、抗發炎，是清除腸胃、血液毒素的重要成分，可以延緩細胞老化的速度，並且避免細胞走向癌化。另外一方面，積極活化自體幹細胞的產生，可以立即進行修復、取代老舊細胞。由於新生的幹細胞並沒有直接清除血管硬化阻塞物的功能，如果遇到微血管阻塞，幹細胞也是無法藉由血液運送到需要修復的組織。並且在充滿毒素的血液中，也會加速幹細胞本身的老化，甚至死亡。所以，排毒與幹細胞新生二者雙管齊下，延緩老化的效果才會明顯達成。

由於身體每日都在進行已分化細胞的老化現象，正常平均的死亡速度本來就遠大於幹細胞新生的速度，但是如果身體正好有癌細胞在大量耗損新生細胞，糖尿病血糖沒有穩定控制造成糖毒素太高，有手術開刀時，或者腦部垃圾堆積太多造成神經細胞死亡等等狀況，那麼身體細胞的死亡量又更加高於正常的老化速度，一直產生的骨髓幹細胞必須不斷地進行支援，但是當不足以救援時，血液中的幹細胞濃度就一定會下降，所以血液中的幹細胞不會維持在高峰狀態，除非骨髓中有源源不絕的訊號：幹細胞生長因子 SCF，使得骨髓的幹細胞源頭能夠一直產生幹細胞，不斷地支援。

事實上，每個人的衰老部位不同，飲食、睡眠品質、運動習慣、藥物使用等等也各異，所以血液中的幹細胞高峰值皆不相同。骨髓中有源源不絕幹細胞生長因子的人，他們自體 $CD34^{+}$-$CD45^{+}$ 造血幹細胞在全身周邊血液中的高峰值約在 1.5 到 2.0 億，如果沒有加強保養的人，一般亞健康的人約在 8 到 1.2 億，但是如果低到 5 到 7 千萬，就是修復新生能力指標低下的現象了。身體如果正好面臨急性的耗損，就很容易出現嚴重的疾病出現，包括了心臟衰竭、阿茲海默失智症、血管性失智症、巴金森氏症、中風、腎衰竭、骨質疏鬆、神經病變、類風溼性關節炎、自體免疫不全、眼睛病變、癌細胞腫瘤擴大擴散等等。

所以如何保養自體的幹細胞在高峰值，正是這本書要帶來的新知訊息。首先我們要先了解什麼是幹細胞。

幹細胞的開發歷史與目前的應用性

胚幹細胞（Embryo Stem Cells, ESCs）

胚幹細胞就是原始且為分化的細胞，具有再生增殖的功能。以人類來說，來自男性的精子與女性的卵子所結合的受精卵，就是第一顆全能幹細胞，負責不斷自我增生及分化成各種不同類型的工作細胞。

當受精卵發育成兩個細胞時，若分離成兩個細胞，各自發育成囊胚（blastocyst）而著床於子宮後，可以發育成為兩個同卵雙生的寶寶，基因遺傳組成一模一樣。而受精卵發育到四個細胞時，有機會可以生下同卵四胞胎。但是到了桑葚胚（morula）就要用科技方法平均切割成四等分，並且移植入母體子宮著床才可以成為四個個體。當正常受精卵發育到囊胚而著床後，囊胚的滋養層（trophoblast）會與母體子宮形成胎盤與臍帶，而囊胚的內細胞團（inner cell mass, ICM）可以逐漸分化形成三胚層（內、中、外胚層)，然後分化演變成不同功能的細胞、組織、器官，這個時候就可以說是胎（fetus）了。胚胎期間的分化養育，目前的科技是無法在體外培養可以完整進行的，因為母體子宮的環境非常複雜，胎兒所需要的養分、氧氣、代謝的廢氣及廢物等，都需要依賴母體身體的全力支援，有極其精密的多種機制進行調控，包括：荷爾蒙、生長因子、各種營養素。母體與胎兒有不同的紅血球置換氣體的調控小分子，母體肝、腎的解毒機制協助胎兒尚未成熟發育的器官所排出的廢物，胎盤的血管障壁可以保護毒素不進入胎兒體內等等，不勝枚舉。所以母親身體養育胎兒到熟成出生，功勞至偉，至今仍然無法以科技方式取代。出生後的胎兒要成長至離乳，尚須母親哺育全營養的乳汁。母親對孩兒的貢獻有如山高海深，這也是為何世人對母愛如此歌功頌德的原因了。

雖然目前科技可以做到用體外排卵、體外受精，然後在體外培養至囊胚，取出內細胞團來培養成為胚幹細胞株做為研究用，但是要應用到人體疾病的治療，仍然無法有全面的效果及安全性，因為胚幹細胞在成人體內不一定會按照在母體的子宮環境一樣，可以照正常分化的路徑去走，可能成人體內複雜的毒素成分，反而誘導胚幹細胞在成人體內演變成癌幹細胞，它沒有了幹細胞的分化功能，反而具備了癌細胞的惡性成長，所以一直是醫療上的最大隱憂。再加上這種取得的全能胚幹細胞的方法不是很容易，而且有人道倫理、宗教信仰的問題。所以在許多國家的醫療法規上，仍然無法通過使用胚幹細胞的臨床治療。

當這條漫漫道路有了不受控制的困難阻礙，科學家則轉向取用出生胎兒時可以提供的臍帶血幹細胞，或者是成人幹細胞的來源了。

誘導性多能幹細胞（Induced pluripotent stem cell, iPS）

是 2006 年時由日本山中伸彌的研究團隊發現，藉由小鼠成體細胞，轉入轉錄因子等手段分化形成的多能幹細胞。2007 年，研究人員更將 iPS 誘導技術應用於人體細胞上，在此技術中，所使用的關鍵四個因子為 Oct4、Sox2、c-Myc、Klf4，因此又被稱為山中因子。iPS 細胞與胚幹細胞類似，都有很強的再生能力，理論上也能分化為成體的所有器官、組織。iPS 細胞具有分化成各式細胞的多功能分化能力，因為 iPS 細胞來自於自身體細胞，若使用在器官移植技術上，可避開被自身免疫系統攻擊的危險。相較於胚幹細胞，不需要從胚胎裡取得，加上 iPS 細胞為人工誘導產生，倫理道德爭議相對胚幹細胞小，可解決舊時技術在道德上的爭議，因此被視為應用層面較廣的細胞。但 iPS 細胞仍有治療上的風險，因此距離實際的應用，還是有許多需要克服的問題。iPS 細胞技術因可逆轉成體細胞回到幹細胞的狀態，在科學研究領域上具有極大突破，因此山中伸彌於 2012 年，獲得諾貝爾生理醫學獎的肯定。日本核准 iPS 細胞進行人體試驗。但是，截至目前，也尚未被政府開放為合法醫療用途。

因為 iPS 細胞也有其缺點，尤其使用於再生醫療時，因為 iPS 細胞的基因是由人工植入，一旦 iPS 細胞植入人體後會轉變為良性腫瘤，而其形成腫瘤的傾向較 ES 細胞還要強。如何使其不發生腫瘤，而能安全的使用於再生醫療，這是近 1 到 2 年研究的課題，也是不得不要研究克服的重點。

臍帶血移植（cord blood, CB）

幹細胞移植，簡單地說就是將幹細胞輸注到病人身上的周邊血液之後，幹細胞因為有特殊的歸巢（homing）功能，新的幹細胞會取代不正常或失去造血功能的骨髓裡，恢復病人的造血機能，稱之為幹細胞移植。成人幹細胞移植時需要足量的血液幹細胞，因此幹細胞移植，依血液幹細胞的來源，可分為骨髓移植、周邊血幹細胞移植與臍帶血移植。由於臍帶血移植，可以採集自新生兒。採取的方式是在嬰兒出生時、趁切斷臍帶後，從臍帶採取。因為不會碰觸到寶寶和媽媽的身體，所以不具侵害性。但是每個新生兒的臍帶血所含有的造血幹細胞，只剛好足夠給一位兒童使用。所以如果是在青春期以後的受贈者，一份臍帶血通常是不夠幹細胞移植使用的。

臍帶血由全血中發現的元素組成：紅細胞，白細胞，血漿和血小板，但與成人全血相比，血液成分存在一些差異，例如，臍帶血中自然殺手細胞（natural killer, NK）的數量較高，而 T 細胞的絕對數量較低，未成熟 T 細胞的比例較高。然而，對臍帶血的興趣主要是 $CD34^{+}$-$CD45^{+}$ 造血幹細胞。臍帶血中也存在一些間質幹細胞，但是它們的數量要少得多，也可以在成年骨髓中發現。臍帶血中發現的幹細胞與胚幹細胞不同，臍帶血幹細胞是所有類型的成年幹細胞，受譜系限制且不是全能性的，當然演變成癌幹細胞的機率上也大為降低。

臨床上最常用的臍帶血收集方法是「封閉技術」，類似於標準的採血技術。通過這種方法，可以使用連接到血袋的針頭對切斷的臍帶的靜脈進行插管，然後臍帶血通過針頭流入袋中，可以收集約 75 毫升的臍帶血，將收集的臍帶血冷凍保存，以備將來移植。

臍帶血的使用方法與放射治療後的造血幹細胞移植用於重建骨髓的方法相同，適用於各種血液癌症和各種形式的貧血。異體臍帶血移植不良反應類似於異體造血幹細胞移植，即如果臍帶血來自遺傳上不同的人，則稱為急性移植物抗宿主病（GVHD），並且在免疫系統重建時有嚴重感染的危險。為了確保在移植過程中發生最少的併發症，必須存在一定程度的植入。特別是必須同時產生中性粒細胞和血小板。然而，移植後中性粒細胞和血小板生成的過程比幹細胞要長得多。在許多情況下，移入時間取決於細胞劑量或血液樣本中獲得的幹細胞數量。

1988 年在法國完成世界首例臍帶血，才首次臨床取代骨髓幹細胞移植（bone marrow, BM）用來救治病人，由妹妹的臍帶血捐給 5 歲罹患 Fanconi 4 anemia 的哥哥。1995 年台灣首次用妹妹的臍帶血治療一位 11 歲 55 kg 的男孩，急性淋巴性白血病。1993 年紐約臍血庫成立，開始提供非親屬間之臍帶血，1999 年台灣也開始成立臍血庫，提供非親屬之臍帶血。臍帶血目前可以取代骨髓治療各種血液、代謝方面等三十多種疾病。非親屬間的臍帶血在惡性疾病之總成績成功率約為三分之一；在非惡性疾病，成功率約為三分之二，與非親屬間臍帶血之成功率相似。

臍帶血之優點，在於為成立臍帶血庫之後：

1. 配對快速性：病人只要 HLA typing（human leukocyte antigen）出來，立刻可以配對，找到相符合的臍帶血，解凍後即可救治病人。
2. 排斥性低：臍帶血引起 GVHD 之機率遠低於骨髓。
3. 攜帶病毒較少：臍帶血之病毒帶原率也遠低於骨髓，例如：CMV、HBV、HCV 及 HIV。
4. 取得合法性：臍帶血之收集乃利用原來要丟棄的胎盤臍

帶廢物，不危害到捐贈者，但是仍然必須經過家屬的同意書才能收集。這不像骨髓捐贈者必須全身麻醉抽取骨髓，或是注射 5 到 6 天的 G-CSF，才能收取周邊血幹細胞（peripheral blood stem cell, PBSC）。

但是，臍帶血也有其缺點：

1. 乃一單位之幹細胞數有限，成人不夠用，植入後白血球恢復慢，住隔離病房恢復期長時間較長，感染風險高。
2. GVHD 較低，抗癌的效果（GVL：graft versus leukemia）也較差。
3. 雖然急性 GVHD 少，但免疫耐受性仍要克服。

有關於臍帶血的報告，發現臍帶血中的幹細胞比骨髓中的幹細胞少大約 10%。因此，必須獲得足夠量的臍帶血以收集足夠的細胞劑量。目前仍有許多研究需要完成，例如：未知臍帶血能安全冷凍多長時間而不會失去復活效果；目前以非親屬間的臍帶血為主流，自體臍帶血目前臨床經驗尚少，是否未來有機會可應用於組織複製與基因治療，仍然存在著一個未來的夢想。

骨髓移植（bone marrow, BM）

成人幹細胞移植時需要足量的血液幹細胞，由於單一臍帶血來源不足，所以必須配對非親屬的臍帶血，或是採用自體或異體的成人骨髓移植，或是周邊血幹細胞移植的方式了。

人體內血液細胞包括紅血球、白血球及血小板，而這些血球細胞是由骨髓裡的造血幹細胞不斷地繁殖與分化製造出來。所謂造血幹細胞平常主要存在於骨髓裡，具有極佳的自我更新以及分化的能力，約占骨髓中有核細胞的 1%左右，而在周邊血液中卻非常稀少，不到 0.1%。要激活骨髓造血幹細胞增生需要骨髓中的訊號足夠，主要的增生訊號就是幹細胞生長因子 SCF。當骨髓造血幹細胞變多了，要讓它們釋放到血液中，就成了周邊血幹細胞，而主要的趨動訊號就是白血球生長因子 G-CSF，而且 G-CSF 又是造血幹細胞要分化成白血球時的成熟因子。我們自體會產生這兩種生長因子，只是過了 20 歲，自體產生量就逐漸下降了，當然激活骨髓幹細胞的產生量也是逐漸下降。

所謂的「骨髓移植」，其幹細胞的來源就是直接由骨髓抽取，操作的地點一般會在醫院的手術房，通常會在全身麻醉的狀態下進行，利用抽吸針插入骨盆的腸骨內，抽取出黏稠紅色的骨髓液。最早於 1970 年代臨床試驗骨髓移植治療惡性及非惡性疾病，都以骨髓殲滅性化學放射治療後，再輸入病人自身的骨髓——自體骨髓移植，其供髓者就是病人本身，或是捐贈者的骨髓——異體骨髓移植。由於，只有 25%的病人有 HLA 符合成功配對率，其實並不具普及應用性，因此異體骨髓移植，又可分為「親屬性」與「非親屬性」，親屬性骨髓移植其供髓者為病人的兄弟姐妹或其他近親家屬，非親屬性骨髓移植供髓者則為一般志願捐髓的社會大眾。

骨髓移植通用使用的是異體，但常被凡人誤以為是爭議性高的胚幹細胞，但是其實這是成人幹細胞，並非胚幹細胞。對於許多後天的或遺傳的疾病如：再生不良性貧血（Aplastic anemia，AA）、范可尼氏貧血（Fanconi anemia）、海洋性貧血（Thalassemias）等，異體骨髓移植是根治之方法；對某些傳統無法根治的惡性病，例如：慢性骨髓性白血病（Chronic myeloid leukemia, CML），異體骨髓移植也是首選根治之法。異體骨髓移植可以治療許多血液、免疫、惡性腫瘤及遺傳性新陳代謝疾病，但是異體瓶頸為骨髓之來源，因為 HLA 相符合性的機率不高，這些在臨床的應用性也是受到相當大的限制。臨床上為了增加異體骨髓移植之成功率，因此將骨髓移植入捐贈者體內後施打 G-CSF 生長因子，可以加速骨髓功能恢復之速度，並降低感染之機會。

周邊血液幹細胞（peripheral blood stem cell, PBSC）

所謂周邊血幹細胞移植，就是先趨動骨髓中的幹細胞釋放到血液中，再收集周邊血的幹細胞，集中數次到量多，或者再經由體外培養放大，再回輸到病人體內。周邊血液幹細胞集的方式，是使用血球分離機由周邊血液來收集幹細胞，過程類似捐血。

因為周邊血液本身幹細胞並不多，所以在收集前要先設法增加周邊血液幹細胞的數目；收集的時間一般是在化療之後的造血細胞恢復期，通常可以經由施打 G-CSF 來趨動更多骨髓幹細胞到周邊血中，並且增加成熟白血球的數目，可以幫助化療造成的白血球過低現象。

而注射 G-CSF 除了可以趨動自體骨髓中的 $CD34^{+}$ 造血幹細胞到血液中，也可以趨動量少的 MSC 間質幹細胞到血液中。所以，G-CSF 已是四十多年的臨床用藥了，主要是由美國大藥廠利用微生物工程技術所量產的人類白血球生長因子。注射 G-CSF 後收集後的造血幹細胞，經常在體外培養放大數量，或者馴化培養成為免疫細胞再回輸到體內，已經做為臨床研究上的癌症治療上的搭配應用。

周邊血液幹細胞的來源一樣分為自體移植及異體移植。依捐贈者配對型態可分為：HLA 完全相合、HLA 不完全相合。可能具有的風險：感染 PCP、CMV、急性及慢性排斥、移植失敗、移植體抗宿主疾病、皮膚紅疹與黏膜乾燥、腹瀉、肝臟功能異常等。

目前使用在最熱門的醫療症狀

1. 造血功能衰竭：再生不良性貧血、骨髓分化不良症候群。
2. 血液腫瘤：急性淋巴性血癌、急性骨髓性血癌、慢性骨髓性血癌、惡性淋巴癌、多發性骨髓瘤等。
3. 固態腫瘤：卵巢癌、腎細胞癌、神經母細胞瘤等。
4. 先天性免疫或代謝功能不全疾病：黏多醣症、腎上腺腦白質失養症、免疫不全症候群、類風溼性關節炎、紅斑性狼瘡等。

造血幹細胞移植主要應用在於癌症患者的三部曲

第一步：先收集健康的造血幹細胞，自己的或別人的乾淨造血幹細胞。

第二步：超高劑量的化學治療或放射線治療來殺死病人體內的癌細胞，一般化學治療和放射線治療因擔心對骨髓的毒性，劑量需要有所限制，因為之後捐贈者造血幹細胞的輸入，也會被超過致死劑量的化療和放療殺死。

第三步：拯救性回輸健康的造血幹細胞。輸入的幹細胞將重新建立病患新的造血和免疫系統。這樣不但癌細胞被殺死，病人的造血系統也能恢復，就能健康的活下來。

自體免疫細胞治療癌症

T 細胞輸入療法的原理，簡單來說是先從患者體內分離出 T 細胞及樹突細胞（dendritic cell, DC），在體外一起培養後，篩選出具備識別腫瘤能力的 T 細胞，再將這些有作戰能力的精英 T 細胞擴大培養後，回輸到患者體內以殺死腫瘤細胞。此療法突破了一些傳統癌症治療的困境，例如無法進行手術切除的腫瘤（生長部位複雜或血癌等非實體癌）。此外，由於使用的是自體細胞，較無嚴重副作用產生，免疫細胞天生具有的記憶能力還可以抑制癌症的復發。

然而，免疫細胞療法，雖有新意，但在近一篇《天下雜誌》（2019 年 9 月 1 日）的報導中統計，目前醫學研究相當熱門的一個作法，就是將周邊血自體幹細胞在體外培養成免疫細胞後，再打回患者體內，同時再使用一些胜肽疫苗（9 到 10 個氨基酸人工合成胜肽），來活化患者的 T 細胞，攻擊體內有標記的癌症細胞。以日本久留米大學為例，2000 年開始針對肺癌、大腸癌、婦科癌等，進行胜肽疫苗的臨床實驗，2009 年設立日本第一個「外來癌症疫苗治療」服務至今，已經為 2000 多名患者進行治療。但這個第二期臨床試驗計畫顯示，「半數以上（66%）患者在施打胜肽後免疫力增加，但 90%患者的腫瘤並沒有縮小。」雖然施打疫苗後，患者的免疫力提升，存活期較為延長，「但本療法不能消滅腫瘤，無法取代抗癌藥、放療，讓腫瘤縮小。」因此，免疫細胞療法問題多，日本政府轉趨謹慎。

2019 年 5 月底，日本臨床腫瘤學會才提出警訊，「最近，有些診連患者施打療效和安全性都無法證明，也沒有納入保險給付的免疫細胞療法、抗癌疫苗療法，並收取高額的費用。」利用免疫細胞抗癌，不只是為患者帶來希望，連結醫界和生技圈向前邁進的嶄新療法。目前台灣收費行情，一週注射 1 到 2 劑免疫細胞，一個療程 6 到 8 劑，每次 30 萬，相當於一個半月治療費用達 180 到 240 萬元。介在臨床治療和自費治療之間，療效不明的模糊地帶，更需要釐清責任歸屬。怎麼兼顧產業發展，又不會變成壓垮病友和家屬的最後一根稻草，是細胞療法邁向成熟的一大課題。

間質幹細胞移植修復膝關節

間質幹細胞先從患者血液幹細胞中分離出來，因間質幹細胞經過誘導能分化成軟骨細胞，在體外培養增生到足夠的數量後，就能移植到需要治療的關節軟骨。此療法的好處在於，因為關節軟骨自身修復能力很差，而現行的治療方法僅能緩解關節炎的症狀，就算是置換人工關節也有使用年限等問題。幹細胞幫助軟骨修復與再生的方式，能保持關節軟骨的壽命，延緩退化性關節炎的病程。但是，有些病人回輸之後的效果並不佳，主要原因是因為關節中的微環境並不好，發炎毒素高而且沒有分泌幹細胞生長因子之類的滋養因子，使得回輸之後的間質幹細胞並沒有分化成為軟骨，所以營造良好的微環境也是重要的課題。

幹細胞細胞治療有哪些注意事項？

不管是自體或異體的幹細胞抽出體外後，活的細胞再回輸體內，畢竟都有侵入性的風險，而且是活細胞新生就會有 DNA 複製的過程，是否因為體外培養環境或是植入體內後的毒素環境，使得植入的幹細胞存活不了多久？又或者可能突變轉換為癌細胞？這些都是存在著的事實。因此千呼萬喚始出來的細胞治療特管法，雖然已推行了。然而，首先要強調的觀念是：注射幹細胞方法不一定是最適合你的治療方式。為何細胞治療在各國都以這種「暫時性許可證」的方式運行？最大的原因就是每種細胞療法的治療成效不一，無法像一般藥物在連續三期的臨床試驗中，呈現充足的數據來驗證其療效與安全性，正式核准上市銷售。細胞治療正在面臨的挑戰，例如：體外細胞培養可能導致癌化致瘤性、處理過程繁複與細胞保存的嚴格條件、穩定度保持不易等問題。除此之外，細胞治療也是種高技術又耗費實驗室人力的個人化醫療服務，可以想見其治療費用絕不便宜，口袋的深度也是不得不考量的要素。

在此之前，打算進行細胞治療的患者，必須認知到細胞療法並非是萬靈丹或唯一療法，也不是每位患者都適合使用，建議現階段仍需遵循並配合身邊主治醫師的治療建議，才不會導致病情有所延誤。除了以上的技術性問題，細胞治療的費用也十分昂貴。雖然在增加自體的修復力有不錯的表現，但是對縮小已經擴大的腫瘤效果並不好，而且回輸之後的幹細胞也是半年後就回到原點，必須每年定期注射。但由於癌症產生，多半是由於毒素累積誘發致癌基因，引起細胞病變，因此如果生活習慣不改變，有可能再復發。所以作者建議：癌症目前仍然必須以傳統的放療方式才能有效縮小腫瘤，再輔以提高幹細胞為修復性的保養，以及養成體內排毒淨化的生活習慣，三管齊下才是正途。

最新口服幹細胞生長因子劑型：活化自體骨髓幹細胞再生的訊號

上述五項的幹細胞植入法，多半是為了急性受損、癌症病患，或者遺傳性基因缺陷的貧血症、慢性白血病等患者，給予一線生存希望，如果以身體修復來看，多少都會有些效益的。但是，若是以抗癌效果，腦脊髓神經、心臟功能等要能夠完全修復到健康的狀況時，就無法有客觀的把握了。因為損傷的部位與程度，不一定是幹細胞能夠全部支援的，更何況是面臨大量的惡性腫瘤快速滋長，那更是後繼無力了。所以，作者提倡 40 歲就要預防保養，以改善體內的微環境方式：以食物植化素與益生菌的淨化體內環境，運動流汗排除毒素，並且用安全的口服保養方式讓自己身體的骨髓活絡，讓自體產生幹細胞，接續分化為免疫細胞軍隊，軍隊強大就容易找到隱藏在正常細胞中間的少數癌細胞，而消滅之。並且組織器官一旦受損就立即修復，避免受損嚴重產生了機能性下降，而造成不可挽救的嚴重疾病。是以預防保養免於疾病的理念，做為研究的出發點。

由於前述骨髓移植方式會注射 G-CSF 來協助移植入的骨髓存活並產生正常的白血球；周邊血幹細胞移植會先注射 G-CSF，來趨動骨髓中造血幹細胞到血液中，以利多量收集。這也是多年來許多國際科學期刊的證實：G-CSF 被稱之為白血球生長因子，早期就使用在骨髓移植的病人身上，目前也使用在癌症化療前的注射或者阻塞型中風病人的治療上。因為有其他的重要功能被發現：G-CSF 可以對趨動骨髓中的造血幹細胞及間質幹細胞游離到血液中，是非常有助於身體的免疫細胞、造血細胞、修復性細胞的更新。再加上它也有其他的功能，幫助神經細胞再生，對抗神經細胞凋亡與發炎，通過血腦屏障等等，所以注射 G-CSF 針劑目前在醫學臨床上的應用性相當不錯。但是，G-CSF 的趨動幹細胞效果在某些狀況會受到阻礙，尤其是身體狀況很差的人、癌症化療的人，他們的骨髓中根本沒有足夠的幹細胞，一旦使用急性注射，逼迫骨髓釋放幹細胞，反而造成病患的發炎不適狀況。

因此，就有科學家想到另一個可以讓骨髓幹細胞胞增生、分化的重要訊息：SCF 正是骨髓中可以增生、分化幹細胞的重要訊息，所以 SCF 又名為「幹細胞生長因子」。這也是後來在許多臨床研究上，G-CSF 多加了 SCF 生長因子合併注射，在中風、化療病人的修復效果都更加明顯，但是目前 SCF 尚未有藥廠生產上市。

值得一提的是，動物的胎盤中含有相當高量的 SCF，當然這是蛋白質結構，有動物種別性的差異，取自於人胎盤的 SCF 就與取自於豬胎盤的 SCF 就不同。這也就是中醫的一味藥材「紫河車」，取自嬰兒出生後的胎盤。但是要食用，效果一定打折了。因為 SCF 生長因子屬於蛋白質，食用後是被胃酸分解成小片段胺基酸，到血液中並非是原型立體結構，也就失去它原有在骨髓中活化幹細胞的效果了。所以，要用注射的話，SCF 就必須相同於 G-CSF 在大藥廠的製程，利用微生物工程技術進行量產（以細菌或其他微生物的細胞當作生產工產，將植入人類

cDNA 質體進入宿主細胞中，進行 DNA→RNA→蛋白質表現系統）。因為蛋白質藥物若是要用注射的方式直接進入血液中，為了避免排斥性、代謝性問題，蛋白質製藥的嚴謹度非常高，必須相似度 100%於人體產生的蛋白質序列結構，且不得含其他物種的細胞物質成分，所以必須經過純化、重新折疊結構的活性等等，都是耗時、成本高的過程。而且因注射屬於急性侵入，必須考量半衰期、各種可能性風險，因此藥廠要上市 SCF 蛋白質藥物，要經過三期人體試驗，不得不耗時且需要龐大的資金。

由於，人到了一定的老化年紀，自體還是能夠產生骨髓幹細胞、周邊幹細胞，來支援身體的細胞死亡（平均每日 700 億），雖然新生細胞無法完全取代所有的老舊細胞，但是只要能夠一直維持一個基本的新生數量，人的有限壽命中，仍然可以多少應付得宜，至少重要生命器官的持續力可以久一點，頭腦清楚一點，活動力好一點，生活品質可以好一點。我們團隊多年的研究證實：如果平時身體都能維持周邊血幹細胞在 1.5 到 2.0 億左右，那麼抵抗突如其來的緊迫壓力，例如：細菌感染、病毒入侵、手術開刀、意外受傷、心情沮喪、緊張壓力等等，都會有比較好的修復能力可以做應變。如果平時免疫力好，身體的癌細胞自然會被自己體內的免疫細胞所殺死，可以避免隱藏在體內伺機而動。但如果體能控制不住時，隱藏的癌細胞轉而肆虐猖狂，形成惡性腫瘤漫延，到那時再來移植入幹細胞做免疫療法時，其實已經緩不濟急，少數軍隊已難擋大敵入侵了。所以，平日注重提升幹細胞的保養，也是養生抗癌的最好預防保健之道。

既然提升自己的幹細胞是可行的，我們為什麼不找到一個安全又方便的生活方式，好好的保養自己的幹細胞再生力，而可以避免多數家庭處於慢性疾病的摧殘與折磨呢？

所以我們非常努力，找到一個可以用口服營養品的方式來有效提升自體周邊血造血幹細胞。是經由動物試驗到醫院的人體臨床試驗證實，口服一定量的人類 G-CSF 與 SCF 訊號（利用食品級酵母菌的微生物工程技術生產人類的重組蛋白），包裹著乳糜微晶球，證實可以部分通過胃酸，到達小腸乳糜管（微小的淋巴管），由胞飲的方式吞噬入淋巴系統，在運輸過程中，可以經過脾、淋巴結、骨髓等部位，約在 6 到 12 小時後陸續進入胸管後匯入血液循環中。由於此兩種生長因子主要的作用位置在骨髓作用，能夠增生、遷徙與分化，因此只要在進入血液循環之前，經由乳糜球包裹進入腸乳糜管內，就可以經由淋巴管送至骨髓處釋放訊號，正好是我們要它們去的目的地。

由於油脂類營養素的運送方式，其實就是形成乳糜球，並經由腸乳糜管、淋巴管，直至血液系統中。既然如此，我們就將水溶性的 G-CSF 與 SCF 生長因子包裹了油脂類的外圈，一圈一圈，形成了多重態的微乳糜晶球，在口服後就依照相同於乳糜球的方式進行吸收及運送。由於骨髓才是我們的目的地，所以不至於需要送到血液循環中，就可以避免因為送到肝臟而遭到分解。這樣的口服方式，非常便利、簡單、安全，省去了注射的風險，完全走的是營養運送路徑。而我們的骨髓中，本來也就會有自己產生的 G-CSF 與 SCF 訊號，只是隨著年紀大了而分泌量下降，如果用此營養運送路徑可以將 G-CSF 與 SCF 訊號成功地運送至骨髓中，多少對提升骨髓幹細胞的增生及趨動有所助益。只是科學數據仍然是需要呈現，因此當完成了上述的動物試驗後，我們仍然經過十多年人體服用之後的證實效果，確實能夠以少量口服 G-CSF 與 SCF 微乳糜晶球的方式，約莫 3 到 6 個月，體內周邊血 $CD34^{+}$-$CD45^{+}$ 造血幹細胞的數量由原來平均的 8 千萬（範圍 5 到 1.2 億）有效地提升至 1.5 到 2.0 億。之後，就維持在高峰值而不會一直上升了。

只要骨髓中仍然有血液的供應，稱之為紅骨髓，而非骨質疏鬆的黃骨髓（充滿油脂），不論年齡，即使是 90 歲了，紅骨髓收到訊號一樣可以增生及趨動自體的造血幹細胞到周邊血液中。由於每個人的生活習慣不同，所以高峰值並不相同，也會隨著不同因素而有所耗損，例如：感染生病、手術開刀、失眠焦慮、血糖控制不穩、洗腎、化療等等。但是，由原來 8 千萬有效地提升至 1.5 到 2.0 億，那麼多出來的幹細胞去做臨危狀況的支援，就不至於讓身體的耗損過大，可以避免進入惡性循環的重大疾病發生。因為口服只是補充訊號的強度回到 30 多歲時的自體產生量而已，由身體骨髓培養產生的自體幹細胞，才是最安全、最健康的修復源頭，沒有致癌與排斥的風險，可以將年輕活力的細胞替換了老化的細胞，而使衰竭的器官，恢復大部分的運作功能。這些科學數據是經過多年的人體試驗的觀察現象，非常值得貢獻給社會大眾知曉，可以做為預防保養免於疾病的方式。而檢測周邊血造血幹細胞的數量，也是非常好的身體修復能力的評估指標。

2-3 幹細胞與年齡的關係

基本上，我們人從 20 歲就開始老化，也就是細胞死亡的速度會開始趕過幹細胞生成新細胞的速度。事實上，逐漸老化的骨髓，也不太能夠自己分泌足夠量的 G-CSF 與 SCF 訊號，當然激活幹細胞的產生量就會隨著年紀而下降。就像前面所提到的，不同部位的已分化細胞會有不同的更新週期，加總起來每天死亡的細胞約為 700 億，當中包含 10 萬多個腦神經細胞。常常我們在出社會之後閒聊起來都會發現好像每個人都有睡眠問題，要不就是「很難入眠，總要在床上翻來覆去好久才能睡著」，要不就是「很淺眠，一有風吹草動就會醒過來」，也有很多人會覺得「越睡越累，怎麼睡都睡不飽」，這些跡象其實很正常，主要原因就是腦細胞每天都在凋亡，影響了大腦功能，而製造血清素的神經細胞也會越來越少，所以感覺自己年紀越大就越不容易開心，也是正常老化的現象。雖然老化速度大約是如此，但是每個人面臨的外在環境、生活習慣皆不相同，並不是身體一直都可以處於巔峰的狀態。所以能夠每半年定期檢測一下周邊血 $CD34^{+}$ 造血幹細胞的數量，了解自體的修復能力，其實是相當有意義的養生指標。如果下降到平均值 8 千萬之下，落在了 5 到 7 千萬之間，其實就是一種警訊：長期慢性耗損而無新生細胞補充的狀況。如果，正逢緊急狀況，身體會沒有足夠的緊急應變能力，於是就形成了慢性的重大疾病，逐漸影響身體機能及生活品質。尤其是因為腸胃毒素、發炎毒素、壓力、血糖不穩等造成了腦部神經細胞死亡數目大於正常的老化速度，那麼日積月累，經過了 10 到 20 年的神經死亡，巴金森氏症、阿茲海默失智症、神經病變等疾病就出現了，一旦出現了症狀也代表已經受損的區域大到某一個程度而影響組織器官的正常運作。

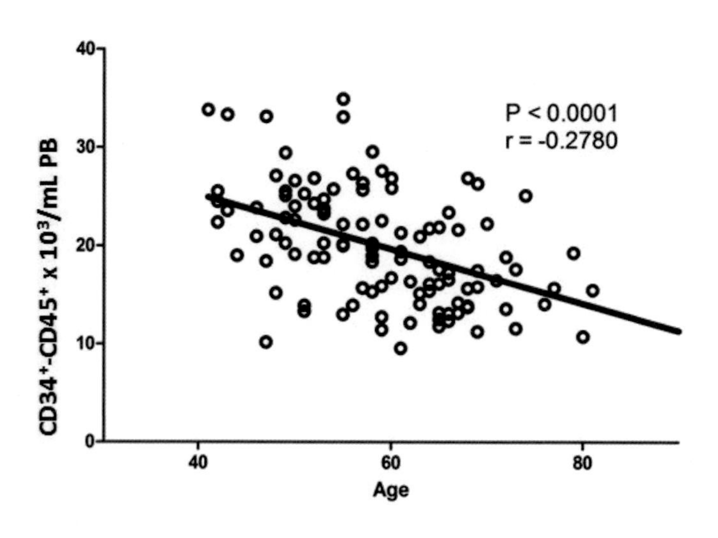

圖 2-6 台灣民眾 40-80 歲的周邊血 $CD34^+$ 造血幹細胞濃度抽樣數據。
（林佳靜教授智財權）

十多年來，我們研發團隊也蒐集到了至少 300 位以上的臨床試驗數據（圖 2-6）。而市場上的實驗室報告數據則高達上千人，結果是相似於上圖的統計（圖示的單位是每毫升周邊血含有 10 到 40×10^3 個 $CD34^+$ 造血幹細胞。如果以前述的周邊血總量而言，將是將值再乘上一個成人平均血液量 5,000 毫升做參考，而數據仍然以每毫升周邊血的數目為最具科學代表性）。以圖 2-6 的迴歸直線可以看出來，由年紀 40 到 60 歲的亞健康人，原本體內的 $CD34^+$ 造血幹細胞數量在 60 歲時可說是一個急速下降的轉捩點，這具有科學上的統計意義。這也就是為何人過了 60

歲，有些重大疾病就很容易出現，容易有心臟衰竭、神經退化、中風、癌症、糖尿病、洗腎等各種慢性疾病纏身。如果在 40 歲就能開始保養，將幹細胞處於高峰 1.5 到 2.0 億，那麼到了 60 歲之後，應該可以減少很多慢性疾病帶來的災難。

2-4 幹細胞對健康的影響

我們介紹一下科學期刊中有關於提高 $CD34^+$ 造血幹細胞對幾種慢性疾病的改善。

心血管

在不少科學報導中也有述及身體健康力與周邊血 $CD34^+$ 造血幹細胞數量的關係。其中特別介紹一篇 2019 年日本科學家 Shimizu 等人在 Aging 國際期刊發表的報告；「日本人年過 60 歲之後，周邊血 $CD34^+$ 造血幹細胞的數量與修復心血管疾病的內皮細胞受損（endothelial injury）具有相當大的關聯。」這也告訴我們一些訊息：周邊血 $CD34^+$ 造血幹細胞的數量可以做為身體修復力的指標，並且造血幹細胞的數量對於心血管的內皮細胞修復確實有幫助。

阿茲海默失智症

2011 年 Kong 等人發表在 Chin Med J（Engl）科學期刊中也顯示出：血管內皮前驅細胞（Endothelial progenitor cells, EPCs）在阿茲海默失智症病人的血液中大為降低。而 EPCs 的上游細胞就是 $CD34^+$ 造血幹細胞，所以跟我們研發團隊的人體試驗數據也是不謀而合，因為我們發現失智症患者的周邊血 $CD34^+$ 造血幹細胞確實比較少，約在 5 到 7 千萬之間。2020 年我們發表了一篇「有關阿茲海默失智早期的風險指標檢測」在 PLUS ONE 國際科學期刊中，證實了由血液中檢測到一種變性的蛋白質，氧化態的 GAPDH，是因為腦部產生了變性蛋白 Tau 及類澱粉 Aβ所引起的相繼作用，結果導致神經細胞凋亡破裂，遂將大量的氧化態 GAPDH 釋放到血液中，但 Tau 及 Aβ糾結在一起能夠釋放到血液中的量相對地微量，因此氧化態 GAPDH 比起 Tau 及 Aβ更靈敏地在血液中被檢測出來，做為阿茲海默失智早期風險指標（Alzheimer's Disease Risk Index, ADRI）。在我們的 ADRI 人體試驗過程中發現，提高周邊血 $CD34^+$ 造血幹細胞由 5 到 7 千萬到 1.5 到 2.0 億，持續 6 到 12 個月，竟然 ADRI 值可以回到 0，代表腦部神經細胞因為 Tau 及 Aβ毒素造成的凋亡破損的狀況已經停損。截至目前，我們仍然持續進行試驗之中，就為了得到更確切的資訊。正巧，Bali 等人 2018 年發表在 Frontiers in Behavioral Neuroscience 期刊中證實：CD34 造血幹細胞可以有效清除腦部類澱粉的沉積，可逆性改善了阿茲海默失智症小鼠動物模式的記憶損傷（圖 2-7）。

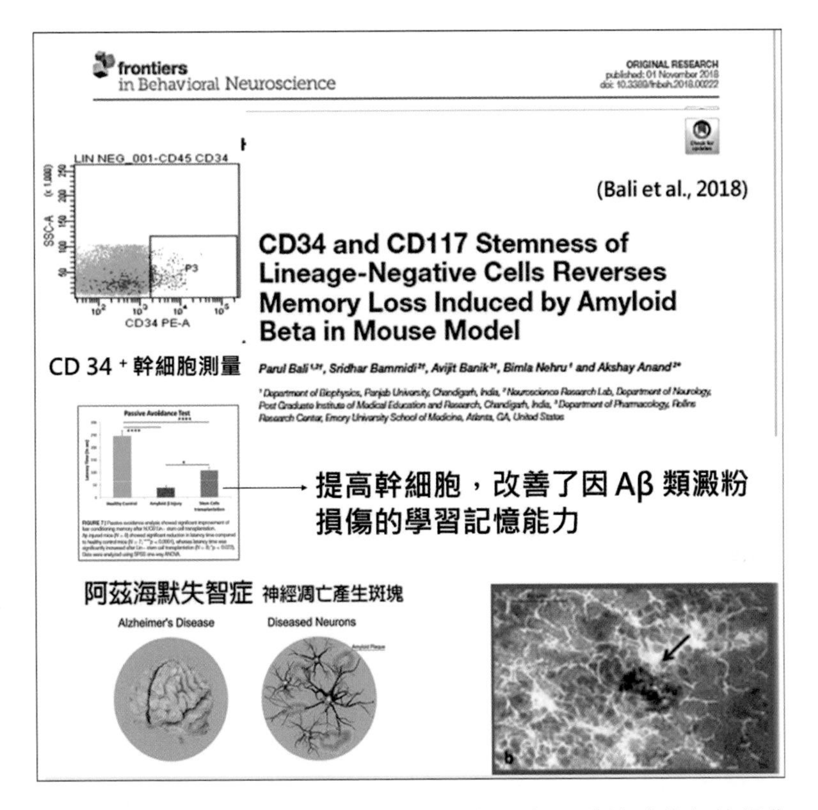

圖 2-7 CD34^{+} 造血幹細胞可逆性改善腦部類澱粉沉積造成的記憶損傷。（修改圖出自：CD34 and CD117 stemness of lineage-negative cells reverses memory loss induced by amyloid beta in mouse model. Bali *et al.* Frontiers in Behavioral Neuroscience.2018Nov 1;12:222. doi: 10.3389/fnbeh.2018.00222. eCollection 2018.）

中風

Sung 等人在 2018 年 Am. J. Transl. Res. 期刊中發表：第一期人體臨床試驗證明回輸 3 千萬自體周邊血 $CD34^+$ 造血幹細胞到超過六個月以上的缺血性腦中風病人的動脈血液中，有助於神經功能的修復，並具有安全性。

代謝症候群

所謂代謝症候群就是所謂的三高（高血壓、高血脂、高血糖），如果不控制好之後很容易產生中風、心血管疾病、糖尿病、腎衰竭、失智等疾病產生。根據 Jialal 等人在 2011 年的 Atherosclerosis 期刊中發表：如果內皮前驅細胞不足時，他們的修復力非常差，是心血管疾病的高風險群。而 $CD34^+$ 造血幹細胞正是內皮前驅細胞的上游源頭。

以上幾種慢性疾病顯示，若能提高自體的 $CD34^+$ 造血幹細胞數量，會有比較好的修復能力，不致於惡化到更嚴重的程度，因此平日重視保養自體的 $CD34^+$ 造血幹細胞對於健康是有助益的。

2-5 激活骨髓幹細胞生長因子：CD34 活性蛋白

幹細胞的研究進度左右著再生醫學的發展，不過昂貴的費用、排斥的可能性、來源不清的疑慮等因素，造成一般人無法輕易受惠於這項先進研究，因此也讓我開始鑽研如何讓大家都可以用最合理且最便利的方式，將幹細胞的數量提升到老化前的狀態，進而以健康的身體享受更好的生活品質。

我的想法很簡單，如果用外部注射幹細胞的方式那麼不容易，那就讓身體自己增生創造良好的微環境。要實現這個想法，首先需要的就是提高自己體內的 G-CSF 與 SCF，大約是回到 25 到 35 歲壯年人體內自我分泌的含量。

什麼是 G-CSF、SCF？

G-CSF 與 SCF 兩者都是生長因子，屬於蛋白質的立體結構。早在 40 年前，就已經發現 G-CSF 在臨床上的應用了，這是一種白血球的生長因子，一般在蛋白質藥廠是以大腸桿菌微生物工程來製成，可以刺激骨髓幹細胞趨動到血液中（圖 2-8），在醫療領域方面大部分是運用在白血病的治療，另外阻塞性中風的病人也會以 G-CSF 來進行療程，讓因為血栓而受到傷害的神經細胞可以趕快獲得修復。

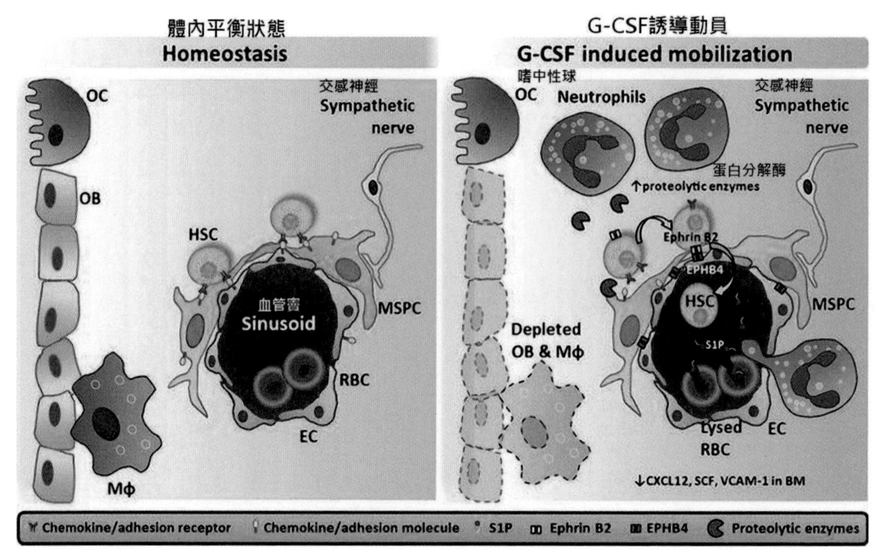

圖 2-8 白血球生長因子 G-CSF 可以趨動骨髓造血幹細胞到血液。
（修改圖出自：Cellular players of hematopoietic stem cell mobilization in the bone marrow niche.Tay *et al*. International Journal of Hematology. 2017; 105:129–140.）

而 SCF 則是幹細胞的生長因子，在胎盤裡頭有很多，骨髓中也有不少。目前已有不少研究報告證實 SCF 可以幫助骨髓幹細胞增生變多（圖 2-9），但是目前尚未在蛋白質藥廠開發成注射用藥物。

HEMATOPOIETIC STEM CELLS 理解造血幹細胞生態位置

Making sense of hematopoietic stem cell niches

Philip E. Boulais[1,2] and Paul S. Frenette[1-3]

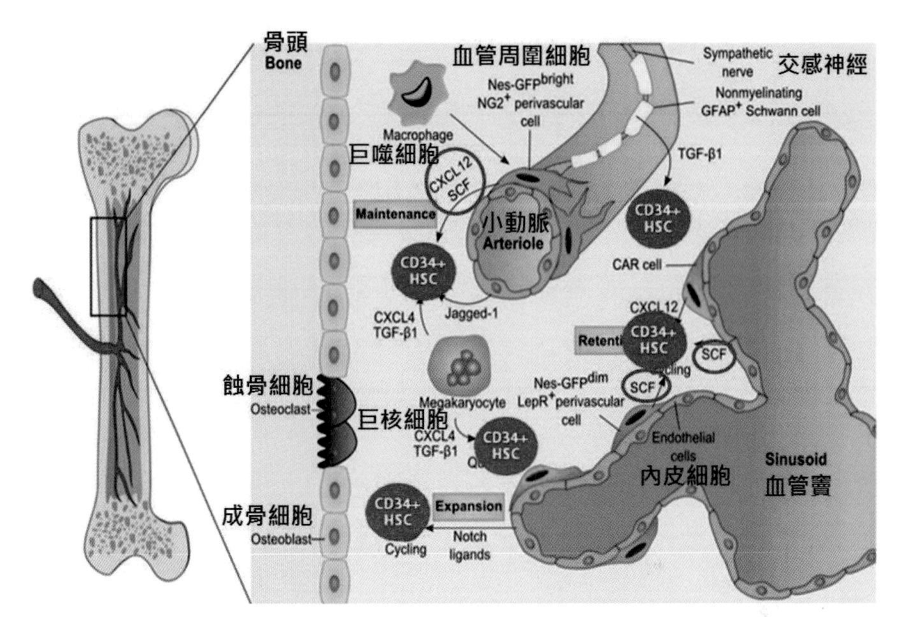

圖 2-9 幹細胞生長因子 SCF 是骨髓造幹細胞增生的重要訊號。
（修改圖出自：Making sense of hematopoietic stem cell niches. Boulais et al. Hematopoietic Stem Cells. 2018.）

我將 SCF 與 G-CSF 稱之為是開啟骨髓幹細胞源頭寶庫的金鑰匙及銀鑰匙，二者合稱為 CD34 活性蛋白。人體是會自體產生的，對幹細胞來說這兩者就是增生及趨動訊號，能夠激活自己的骨髓增生的兩種幹細胞，主要是 $CD34^+$ 造血幹細胞及少量的 MSC 間質幹細胞。

CD34 是什麼意思？

為了幫助大家更加了解書中的內容，特別在此作個名詞解釋，拆解一下 CD34 的含意。

CD 是 Cluster of differentiation（分化簇）的縮寫，主要是用來作為免疫抗原標識的細胞表面分子，讓研究人員能藉由標記來辨別不同細胞的免疫功能。舉例來說，在造血幹細胞、造血祖細胞、內皮前驅細胞等等的細胞膜上會發現 CD34 的抗原，如果以 CD34 的抗體來抓它並能夠以雷射光激光出來，那麼就標幟為 $CD34^+$ 造血幹細胞。

現在大家應該能清楚了解 G-CSF、SCF 兩者與 CD34 造血幹細胞之間的關係了，簡單來說，G-CSF、SCF 就是激活骨髓幹細胞的兩種生長因子，就是使骨髓具備有良好的微環境，提高訊號通知骨髓製造出更多的幹細胞，進而達到免疫、造血、修復保健的效果。CD34 造血幹細胞源頭大量存在人體的骨髓中，經過我們的研究證實：經過 G-CSF 及 SCF 的刺激，數量可以提升 2 到 5 倍以上。

CD34 活性蛋白：SCF 金鑰匙+G-CSF 銀鑰匙。

SCF：幹細胞生長因子，主要讓骨髓內的幹細胞進行增殖。

G-CSF：白血球生長因子，趨動骨髓已經製造出來的幹細胞到血液中，而且也是白血球分化及成熟的生長因子。

身體可以自行生產 CD34 活性蛋白

既然我們的身體可以自行生產 CD34 活性蛋白（G-CSF、SCF），那麼理論上只要身體的微環境良好，有足夠的 G-CSF、SCF 訊號能發送訊號給骨髓，那麼骨髓產生幹細胞的數量就可以維持在壯年時期。以這樣的理想狀態來說，人類基本上是可以活到 150 歲的。然而生活所帶給我們的挑戰實在太多了，外在的空氣汙染、飲食失衡、病毒、細菌等等因素，加上內在的壓力、緊張情緒，都會累積大量毒素而影響體內的微環境，減少自體分泌 CD34 活性蛋白（G-CSF+SCF）的含量，降低幹細胞的數量，增加身體組織器官的細胞凋亡的速度，嚴重者就形成慢性疾病，惡性循環地消耗更多的自體幹細胞。

哪些生活習慣會影響身體自行產生 CD34 活性蛋白呢？

深層睡眠

平日中想要讓身體可以保持良好的 CD34 活性蛋白（G-CSF+SCF）分泌，首要任務就是養成良好的生活習慣。第一是早睡早起，晚上的 11 點到 2 點之間是身體自我修復最重要的時刻，無論如何都應該要在這個時段進入深層睡眠，如此一來 CD34 活性蛋白（G-CSF+SCF）就會大量分泌，告訴幹細胞開始分化。

運動

在 2016 年 Emmons 等人發表於 J Appl Physiol (1985) 期刊：單次中等強度運動 20 到 30 分鐘後 15 分鐘，就會幫助 $CD34^+$ 造血幹細胞及間質幹細胞快速從骨髓中釋放出來到血液中，同時也讓骨髓基質細胞（stromal cell）產生較多的 G-CSF 及 SCF，而在運動後 60 分鐘就會回到原來的基本值，所以每日運動 20 到 30 分鐘對健康非常有助益。以 60 歲的中老年人為對象發現，中等強度運動 20 至 30 分鐘的效果跟 45 至 55 分鐘的效果差不多。而有氧健身運動如跑步、游泳、自行車，以及重量訓練等皆能促進大腦在額葉、枕葉、顳葉等七個部位的體積和密度，意味著長期運動後，對大腦神經傳導效能和功能較佳，而該腦區所代表的認知功能如記憶力、學習力、語言處理、情緒處理亦有較佳表現。所以衛服部給的建議是運動 333，每星期運動 3 次，每次持續 30 分鐘，運動時每分鐘的心跳要在 130 下以上，是不錯的選擇。

除了睡眠品質及運動習慣之外，若有人因為疾病或一些突發狀況急需幹細胞生長因子，也可以透過微生物製成的方式以口服來進行補充，這就是我們多年研究所得到的動物實驗、人體試驗、科學發表及發明專利。

CD34 活性蛋白微晶球專利技術

利用了 2008 年諾貝爾化學獎得主 Dr. Martin 開發的綠色螢光蛋白，做為追蹤標記進行口服微晶球體外及動物體內研究，歷經 10 多年開發出食用級微米晶球，可安全包覆 CD34 活性蛋白，並且以食用的方式通過胃酸，到小腸黏膜乳糜管進行吞飲方式吸收，經淋巴系統運送後，抵達骨髓內釋放訊息，刺激骨髓幹細胞的再生與趨動作用。

在此簡單做個總結，CD34 活性蛋白是 G-CSF 和 SCF 兩種生長因子合併的稱呼，主要功用是作為刺激骨髓產生自體幹細胞的訊息，而本身的立體結構為蛋白質，因此必須經過微晶球包埋技術，才可使其免於被胃酸消化，由小腸黏膜乳糜管進行吸收，最後抵達骨髓，刺激幹細胞的再生，達到身體機能的修復、造血及免疫等功能。

2-6 掀起營養學革命：幹細胞營養學

三大源頭的原生細胞

為什麼幹細胞會如此受到重視，因為它是身體三大源頭的原生細胞，包含：

免疫

統稱為白血球。

造血

紅血球及血小板。

修復

神經細胞、血管新生、肌肉細胞、小腸細胞、肝臟細胞等等。

由自體產生的骨髓幹細胞，才是最安全、最健康的修復源頭，沒有癌化及排斥性的風險，可以用年輕有活力的細胞取代老化的細胞，使衰竭的器官恢復大部分的運作功能。而免疫力是身體最基本的抗病能力，當全身的造血幹細胞維持在 1.5 到 2.0 億，這樣就有足夠數量的源頭可以分配到免疫軍隊，像是自然殺手細胞、T 細胞、B 細胞、巨噬細胞、中性球等等，聯手對抗外來的細菌、病毒並快速消滅，其中自然殺手細胞也是消滅隱形癌細胞的重要軍隊。一旦發生戰爭，難免會有無辜的老百姓細胞傷亡，就像是 COVID-19 的感染會使得肺部嚴重受損而形成纖維化，容易血栓造成中風機率增加；而且也發現睪丸功能的破壞，造成長期不舉等傷害性。

戰爭過後接著就是要重整家園，所以維持在高峰的血液幹細胞非常重要，可以進行修復重建的工作，快速讓肺部細胞新生、血管新生、睪丸再生等功能。修復重建是影響日後生命品質及生命期的重要因素。如果可以用營養的方式好好地保養骨髓的微環境。讓骨髓自體產生足夠的幹細胞，那麼是人類的一大福音。這個安全的方式，也非常具有潛力發展成一個幹細胞營養學的新領域（圖 2-10）。

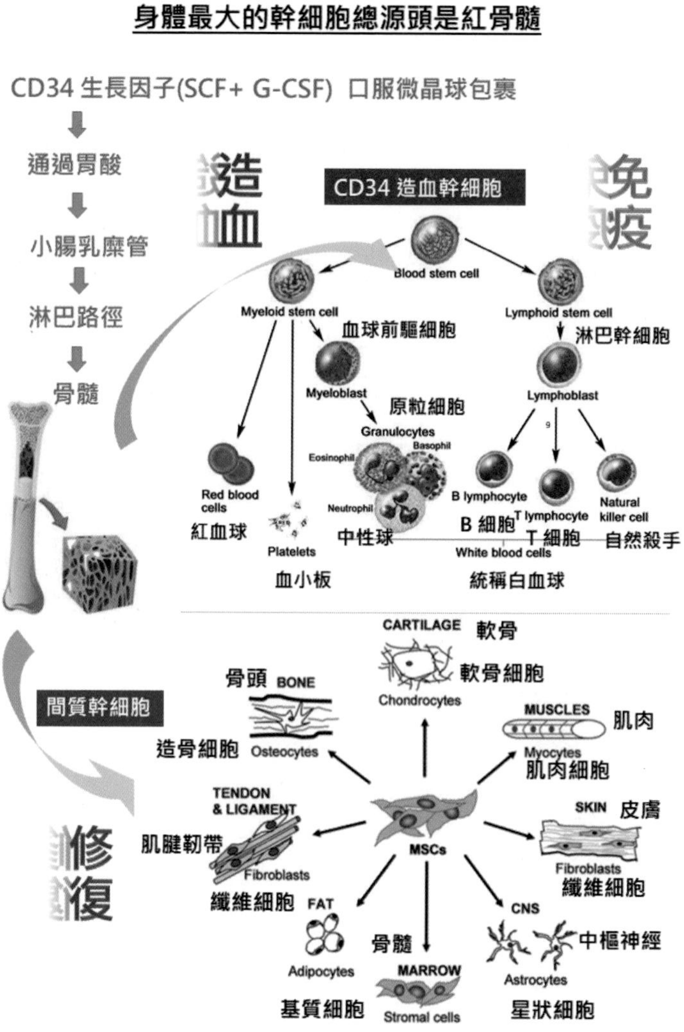

圖 2-10 具有發展潛力的幹細胞營養學新領域。（林佳靜教授智財權）

口服方式真的可以讓人體吸收？

前面我提到過刺激骨髓幹細胞增生的 CD 活性蛋白（SCF+G-CSF）是蛋白質的立體結構，一般來說蛋白質在進入消化系統後，一定會遭到胃酸的破壞而分解成小分子的胺基酸，但我們需要的是完整的立體結構，才能在骨髓具有發送訊號的效果，因此我就想了很多能夠將 SCF+G-CSF 完整送達骨髓的方法，最後想到的是吃下去的脂肪，在十二指腸碰到膽汁之後，兩者結合後會變成黏稠的乳糜球。接著在小腸的乳糜管進行吸收，經由 M 細胞吞飲進入淋巴結及淋巴管，而乳糜球就可以藉由淋巴管走到骨髓。這個模式對 SCF+G-CSF 的吸收來講非常理想。因此我便將晶球包埋技術結合進來，讓 CD34 活性蛋白包埋進磷脂質內，模擬成乳糜球的狀態，結果證實我的想法是對的。

微晶球包埋技術的實現並不容易，耗費了非常多的人力、物力及時間，最後是用微奈米多層次包覆的微晶球，將活性蛋白放到裡面，外面多層次包裹油脂類的磷脂質，如此一來可以通過胃酸避免破壞，到了小腸在吸收的時候就不是順著血液走，而是被視為油脂，走淋巴管了。

若照身體的消化機制，水溶性蛋白質是會被胃酸分解成為胜肽，到小腸再分解並吸收到靜脈血液送到肝臟，也會再度分解成胺基酸，那麼辛苦培養純化出來的有活性的立體結構蛋白質，如果走這一條路就白白浪費了。所以 CD34 活性蛋白的外圍是用脂肪酸分子結構來層層包覆，通過運送油脂類的乳糜管來運送，讓它走淋巴系統，而淋巴管與骨髓是有連接的，只要進入淋巴管之後，在 8 小時內很快就能抵達骨髓。

當然，以上這些成果都必須經過試驗證實，所以首先利用綠色螢光蛋白（green fluorescence protein, GFP）做為指標，包裹在口服微晶球內，在體外進形螢光顯微照相、粒徑分析顆粒大小、腸黏膜細胞的吞飲作用，動物體內口服試驗至小腸後，進行淋巴細胞吞飲作用等等（圖 2-11）。

多層次乳糜微晶球新知

多層次磷脂質、耐胃酸、快速吸收

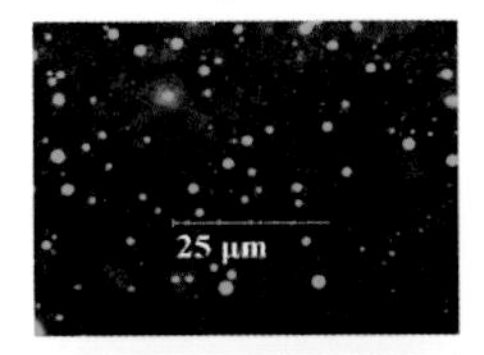

GFP 包裹於多層次乳糜微晶球之螢光顯微照片

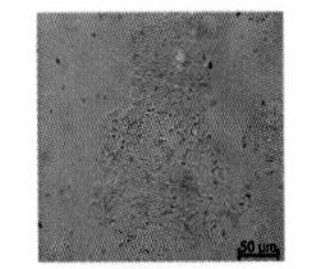

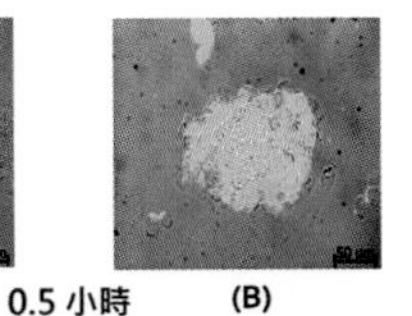

(A) 0.5 小時 (B)

多層次乳糜微晶球於腸黏膜細胞的吞飲滲透性

(A) 無微晶球包裹的活性蛋白，無法快速送入腸黏膜細胞內。

(B) 微晶球快速將活性蛋白送入腸黏膜細胞內。

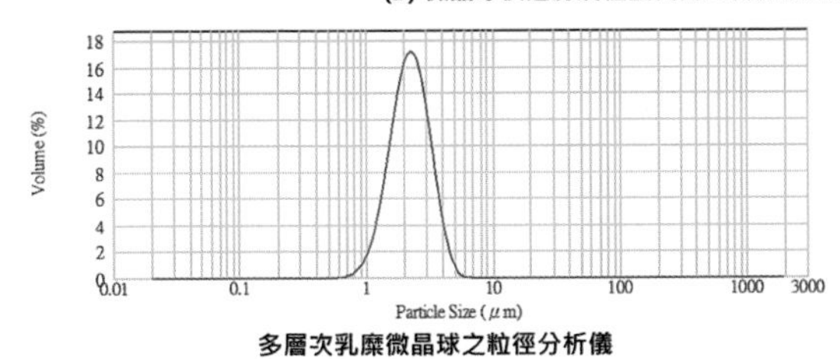

多層次乳糜微晶球之粒徑分析儀

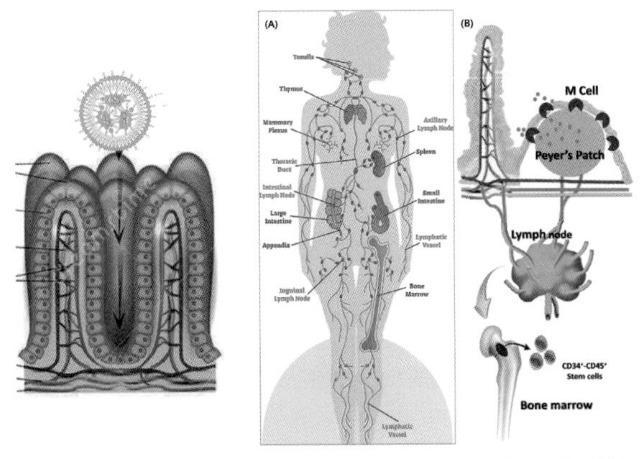

磷脂質的微晶球在小腸黏膜M細胞吞飲後，走綠色管的淋巴路徑，快速送入淋巴結，並經由淋巴管進入骨髓。

圖 2-11 微晶球型態及口服運送的路徑。（林佳靜教授智財權）

林佳靜
教授

CH 3

第三章

助人健康的初衷

3-1 研究 CD34 活性蛋白的緣起

我從事動物科學的研究很多年，在大學教書，也有專屬的實驗室，一直以來對抗老化及幹細胞領域特別感興趣。在我拿到教授證書之後，也開始了學校的主管行政服務工作。在我 41 歲那年，也就是 17 年前，有一天我無意中發現了母親手腳的不自主顫抖，心中頓時大驚：「啊！媽媽怎麼會得到巴金森氏症呢？」當晚就失眠了。因為這是一種腦部退化性疾病，腦部的黑質細胞大量死亡，當剩下 20%時，分泌多巴胺（dopamine）的量就不足以支應運動神經的傳導了。當時我的情緒很複雜，一來知道沒有藥物可以根治，會一直惡化到僵直死亡；二來自責尚未盡到孝心。所以我把行政工作放下，專心做研發，希望能有一點點貢獻在延緩母親病情的惡化上，能夠減緩她疼痛的身體，生活多一些品質。

那時我腦中一直有一個想法：如果將腦中神經細胞再生的因子，用微生物工程技術量產，再包裹微晶球可以通過胃酸，走小腸的淋巴管送到骨髓，釋放出幹細胞到血液中，應該是可以修復到損傷的腦區。即使效果可能不如我的預期，但是口服蛋白質也是安全的方式，就是變成了補充蛋白質的食品而已。起初一個大致的想法，一走下去才發現困難重重，還好常常峰迴路轉，又見契機。這一路我走了 17 年，從細胞試驗、動物試驗，一直到人體試驗的成功及市場的淬鍊，也有專利證書及科學發表之後，如今累積許多心得，才決定撰寫此書，分享經驗。

3-2 提升母親晚年的生活品質

母親在 17 年前發現了巴金森氏症的顫抖症狀，一直到現在 2021 年 82 歲，仍然可以走路及唱歌，疼痛與無力感確實獲得了改善，而生活品質才是老年人產生幸福感的主要來源。當然生病了 17 年的身體狀況仍然比不上健康的老年人，但是如果是跟同期發病的老人來比較，很多人在罹患巴金森氏症 5 到 10 年之後都逐漸去世了。實在很感恩上天能讓母親的病情停損惡化的速度，而有更多的時間可以陪伴我們子女，過著淡淡的幸福日子。

在 2016 年的一篇期刊中述及了腸道菌相的不平衡，益菌太少導致缺乏由纖維素分解代謝形成的短鏈脂肪酸，這些短鏈脂肪酸可以送到腦部進行抗發炎反應。2016 年，美國加州理工學院的研究人員發現腸道雜菌產生過多的 α -突觸核蛋白（alpha-synuclein），確實為造成巴金森氏症的重要推手。2018 年 10 月，另一組研究團隊則發現，及早將闌尾（appendix）移除的人，能降低 19%罹患巴金森氏症的風險，並支持巴金森氏症起源於腸道的觀點。2020 登在科學期刊《神經元》（Neuron）上的最新研究，則提供更多有力證據。當關鍵的 α -突觸核蛋白於腸道內聚集，且以錯誤形式折疊時，會隨時間經迷走神經（vagus nerve）通往人體腦部，最終造成神經細胞損傷、多巴胺（dopamine）系統惡化，以及運動與言語障礙，而這些症狀都與巴金森氏症患者的症狀相符。以上的研究愈來愈清楚腦部與腸之間確實會產生關係，而腸腦軸（Gut-brain axis）確實與巴金森氏症具有相關性。

也就是說，腸道毒素與發炎物質，也是造成腦部組織退化、發炎、疾病的推手之一。有時候問題看似出在腦部退化，實際上卻要從腸道健康做根本調理。因為不少巴金森氏症患者在出現手抖等肢體症狀前，已常有「便祕」等困擾。

我問及母親她便祕的情形有多長時間了？沒想到竟然溯及到她 20 歲的年代，因為年紀小不懂得照顧自己，又加上外宿，少吃青菜水果，也少喝水，幾乎 3 到 5 天才會有便意。我那時才恍然大悟，原來母親的腸道毒素侵害了她的腦已經長達 40 到 50 年了，我的印象中母親在 50 歲更年期開始，失眠、憂鬱、心臟無力等狀況就開始困擾她，看了一堆醫生，吃了一大堆藥，她自己以為是心臟有問題，可是心臟檢查根本沒有異常。一直到她

65 歲，發現了巴金森氏症，那時候產生多巴胺神經的黑質細胞大約只剩下 20%，已經無法加班工作產生足夠身體需要的神經傳導物質，剩下的那麼一點點黑質細胞，可能只夠撐五年，如果從腸道健康改善，減少毒素繼續地破壞神經細胞，也許可以撐到十年。但是，我覺得十年仍然太少。我希望可以再從骨髓幹細胞來支援腦神經的修復，也許有機會再多撐十年。

就這麼單純的想法，我一頭埋入了十多年的人體試驗，並且嘗試將 CD34 活性蛋白由實驗室的小型設備放大到工廠的量產。多年來的經歷過程其實困難重重，以有限的經費將一個廢墟的廠房重建，以及不屈不撓的突破各種困難，現在終於有一點點成績出來。有人曾經問我，有必要這麼辛苦做這些嗎？我也不知道怎麼回答，只希望在我能力範圍做出可以幫助到像我母親這樣的老人。其實最讓我開心的是：研發的成果幫助不少身體虛弱的中老年人，不僅提升了母親老年的生活品質，也提升了許多朋友的生活品質。其實老年的生活品質很簡單：自己能走路、能吃飯、睡好覺、正常上廁所、心情快樂。生命就是這麼簡單。

3-3 ADRI 阿茲海默失智早期風險檢測指標與 CD34$^+$ 造血幹細胞的關係

自從我下決心幫助母親病情的開始，幾乎每一個發現都可以說是奇蹟。

在母親罹患巴金森氏症的當時，我的婆婆罹患了失智症。二十年前的認知：失智症是沒有藥可以治的，是會拖很久的腦部疾病，反而比較少聽到的是巴金森氏症。而由外觀判定巴金森氏症只是身體僵直、行動不便，但是頭腦還是很清楚，頭腦愈清楚，心理上就愈痛苦。

其實這些認知也不完全正確。因為近年來神經科學進步很多，瞭解到許多腦部退化性疾病都是屬於嚴重的老化，因為毒素來源不同，而堆積的區域不同，所以出現的疾病症狀就不完全相同（表 3-1）。但是，很多人生病到後來，整個腦區都受到了影響，巴金森氏症的人也伴隨失智症了，而失智症的人也常常出現了阿茲海默失智與血管性失智的綜合現象。不論何種腦部退化性疾病都是屬於老化性疾病，是經過十多年日積月累的損耗才會出現症狀，冗長的過程中並沒有特別的異常，因此非常容易在日常生活中被忽略，造成了病情的延誤治療。所以，早期檢測就很需要。

表 3-1 澱粉樣蛋白疾病與相關的蛋白質

澱粉樣蛋白疾病	英文名	蛋白質	英文名
阿茲海默氏症	Alzheimer's disease	類澱粉	Aβ(β-amyloid)
巴金森氏症	Parkinson's disease	α-突觸蛋白	α-Synuclein
亨丁頓氏舞蹈症	Huntington's disease	亨丁頓蛋白	Huntington
庫賈氏症	Creutzfeldt-Jakob disease	普恩蛋白	Prion
家族性澱粉樣多發性神經病變	Familial Amyloidotic Polyneuropathy, FAP	甲狀腺素運載蛋白	Transthyretin, TTR
血液透析相關的類澱粉沉積	Haemodialysis-related amyloidosis	β2-微球蛋白	β2-microglobulin
遺傳性澱粉樣變性	Finnish hereditary systemic amyloidosis	凝溶膠蛋白	Gelsolin

起初婆婆表現出失智最明顯的症狀是：懷疑她的錢被偷竊、吃飽了卻說沒吃飯、不會按電梯等等。一旦出現這些狀況時，到醫院檢查磁振造影（Magnetic Resonance Imaging, MRI）就已經

出現腦部萎縮的現象。接下來的日子，婆婆也吃了很多藥，但感覺不到一點點進步，幾乎每三個月就退化很多，惡化的速度非常明顯且驚人。很快地一年多後，在一次中風的影響下造成了癱瘓，成為植物人，躺在床上有 13 年之久，最後器官衰竭而去世。這樣的晚年生活品質實在是令人心痛。我也是束手無策。

我心裡在想，阿茲海默失智症的遺傳機率應該是偏高，因為婆婆的母親及三位妹妹也都有失智症，也許我的先生以及小孩可能也有的罹病機會。這些想法在我心裡放著多年，一直到我在研究香魚的老化機制，我就朝著血液檢測的方向走。

我們發現了香魚腦部老化的時候也有類澱粉，另外香魚腦部有大量的基因表現出現了變化。這些基因中，我發現了一個非常不尋常的基因，原本是葡萄糖糖解過程中的一個關鍵酶：甘油醛-3-磷酸脫氫酶（Glyceraldehyde 3-phosphate dehydrogenase, GAPDH），本來是非常穩定表現的基因，被科學家認定是一個家管基因（House keeping gene），它竟然在類澱粉堆積的香魚腦中大量失序的表現出來。我認為這樣的異常，也許是個機會：因為類澱粉在腦部會與神經糾結成斑塊，不容易釋放到血液中，所以偵測的靈敏度就下降，不容易作為偵測指標。如果這個不應該失序的家管基因所表現出的大量蛋白質，造成了神經細胞死亡而釋放到血液中可以做為偵測指標的話，那麼或許可以幫助到許多人及早發現、及早治療。

這麼一個念頭其實有點異想天開，也有人笑我：「It is so crazy.」因為魚類與人類確實是天壤之別，但是我直覺可以，所以就又一股腦兒栽進去了。我們研究室進行了四年的香魚血液檢測，初步給了我希望，於是又進行間隔八年的兩次人體試驗，搜集將近 300 多位進行血液檢測 GAPDH 值。將近十多年的堅持，證實一件事情：人體血液中的 GAPDH 值確實與阿茲海默失智症呈現正相關，而且靈敏度高達 95.74%；正常組不論幾歲皆為 0。因此我把這項技術稱之為：ADRI（Alzheimer's Disease Risk Index），阿茲海默失智早期風險檢測指標。

在完成第一次人體試驗計畫後的 6 到 7 年，於 2017 年因緣際會認識一位新加坡華僑陳先生，當時他 78 歲，陳太太陪著他在南港生技展在找奇蹟。陳太太告訴我她先生被判定是阿茲海默失智症兩年多了，回台灣碰運氣，看是不是有機會停損惡化。我請她及她先生進行 ADRI 檢測，結果測出來陳先生的數值是 6 分，陳太太是 0 分。在我們的統計上數值 3 分就是已經有神經凋亡症狀持續一段時間了，多半數人有失眠、憂鬱、健忘的現象，被歸類為具有阿茲海默失智早期風險；而 5 分以上就被歸類為阿茲海默失智症初期了，凋亡數目多且長期持續死亡就會造成腦部空泡化的明顯萎縮。當然，結果出來後他們並不意外，只是增加他們對病況的確認。陳太太問我是否可以應用 CD34 活性蛋白微晶球來提高自己的幹細胞，並改善神經細胞凋亡的狀況？我跟她說理論上可行，但是我們尚未進行這樣的人體試驗，所以不能確定。於是，陳先生成了我們進行口服 CD34 活性蛋白微晶球是否能夠改善 ADRI 的第一位測試者。

剛開始，陳先生由原先的周邊血 $CD34^{+}$ 造血幹細胞 5 千萬，ADRI 值是 6 分；經過了 9 個月後，造血幹細胞是 1.8 億，ADRI 值是 0 分，換句話說是神經細胞的凋亡停損了。為了更加確認，醫師也進行認知功能的測試，以及類澱粉的磁珠放大訊號的檢測，結果也是在正常範圍。當時，大家都好興奮，陳先生開心地一直說話，有別於之前的沉默不語。而我也非常開心，忘記了十多年來的辛苦，並且決定再繼續進行第二次的人體試驗，希望能夠有更多成功的失智症停損案例。所以，這也是為什麼兩次人體試驗之間隔了 6 到 7 年的緣故。

到現在，我都一直感恩陳先生的第一個成功案例，否則我壓根沒有聯想到失智症是可以停損的。在第二次的人體試驗過程中，有不少 40 到 55 歲的中壯年人已經檢測出 ADRI 在 1 到 3 分，經過 6 到 9 個月的幹細胞提升後，他們的 ADRI 值也回到了 0。我非常慶幸他們能夠在還沒有空泡化之前就先停損，可以避免 10 到 15 年之後的失智症現象。也許，這些案例本身並不十分清楚 ADRI 能夠停損的實質意義，但是卻是支持我的動力，決定走出學界到社會，教育社會大眾有關幹細胞營養學的概念，預防保健免於治療。如果我的研究能夠幫助到一個案例，我就是幫助到一個家庭免於慢性病帶來的災難，即使會受到很多人的曲意誤解或是排斥，我也無畏了。

3-4 口服 CD34 活性蛋白微晶球劑型進行人體臨床試驗的數據

我知道說一大堆科學統計數據對社會大眾是霧裡看花，沒有感覺。所以，我把數據統整做一些簡單化的換算，讓民眾更容易明白。

將 300 多位不同年齡（40 到 80 歲）的人體試驗數據結果進行統計，在使用口服 CD34 活性蛋白微晶球之前（平均 8 千萬），使用 3 個月之後（平均 1.5 億），以及使用 6 個月之後的周邊血造血幹細胞的數量（平均 2 億）進行比較。雖然年紀 40 到 80 歲之間是有直線下降的趨勢（請參照第二章的圖 2-6），但是使用 3 到 6 個月之後的幹細胞提升，年紀倒是不影響，即使 80 多歲了仍然可以到 1.5 到 2.0 億的值。而會影響到上升效果的主要因素，我們發現竟然是腸胃、血脂、血糖、淋巴的毒素

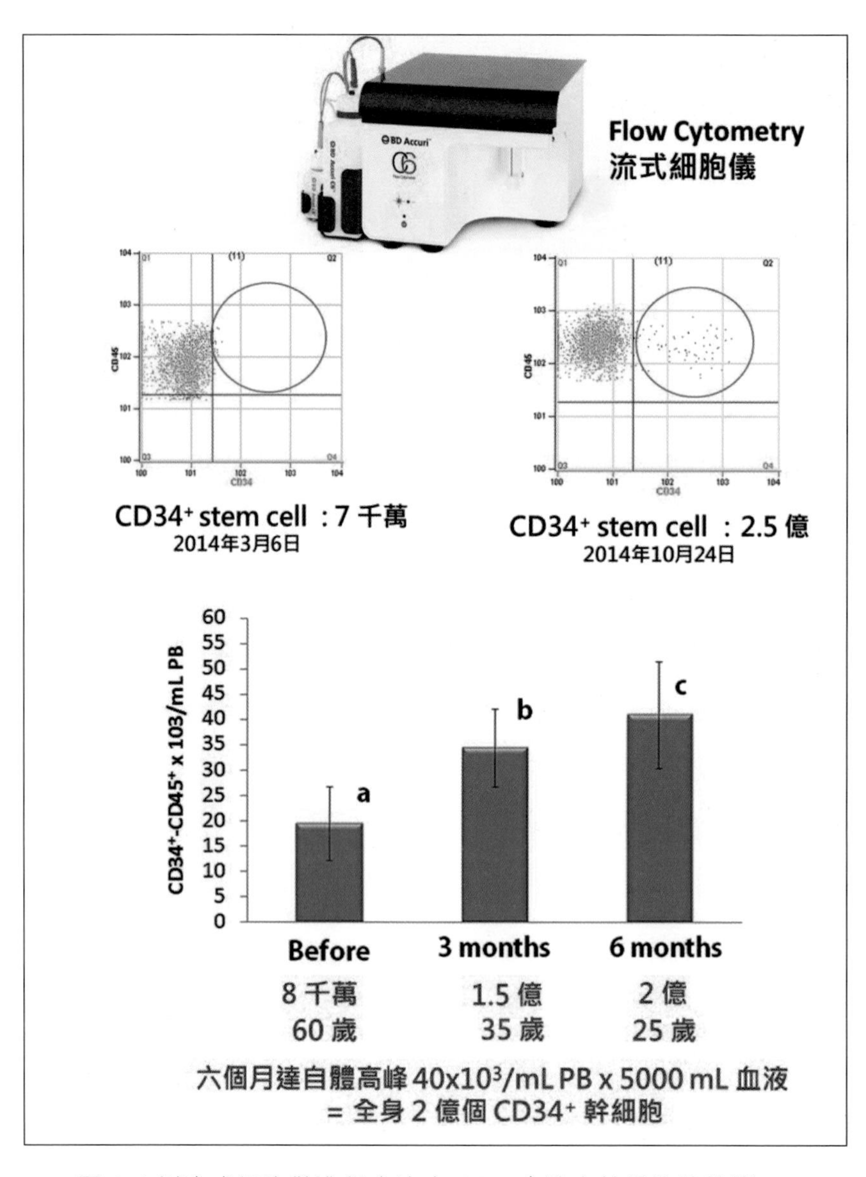

圖 3-1 以流式細胞儀進行血液中 $CD34^{+}$ 造血幹細胞的檢測。
（林佳靜教授智財權）

太多了，造成身體大量的耗損，使得周邊血的幹細胞支援緩不濟急。我們教導他們必須由生活習慣改善，包括：運動流汗排除淋巴毒素、五色蔬果的植化素排除血液毒素、益生菌排除腸胃毒素、每日正常排便、HDL-C 上升且 LDL-C 下降到標準值、血糖控制穩定、不熬夜讓腦部在 11 到 2 點深層睡眠期間排毒等等。再 3 個月後，他們血液中的幹細胞數目就上達了其他人的平均值 1.5 到 2.0 億了。

在十多年的人體試驗過程中，我們有許多的心得：當人體的老化現象是正常的速度，倒也不會有重大的疾病產生。但是如果生活習慣不良，造成身體毒素的累積，累積的組織器官產生嚴重耗損，就產生了疾病。有時候毒素讓癌細胞形成，免疫力太低使得 NK 殺手細胞不足以殺死癌細胞，對抗的結果癌細胞戰勝了，那麼就會快速形成腫瘤了。等到形成了腫瘤，再來提升幹細胞去對抗腫瘤，2 億軍隊打 10 億大軍，就來不及了，頂多維持生命再活久一點的時間。所以，我們保健要趁早。

基於這些發現，我們覺得社會民眾是需要再教育的，因為很多人並不知道他們的生活習慣是錯誤的，日積月累的殘害自己的身體細胞。如果能夠檢測自己的周邊血幹細胞數量作為身體免疫、造血、修復能力的指標，就可以瞭解自己的狀況。如果在 5 到 7 千萬，未達大眾的平均值 8 千萬，代表自己的免疫、造血、修復能力不良，此時必須下定決心從生活習慣改善，並且加強提升自體骨髓幹細胞的製造能力進行再生修復，提升自己的免疫、造血、修復能力。不論年齡，只要 3 到 6 個月，就可以重獲新生的喜悅。你的身體會感恩你的！

這就是我想要推廣的「幹細胞營養學」。

3-5 介紹 CD34 活性蛋白（SCF+G-CSF）的科學報告

我們再來瞭解一下科學界對 SCF+G-CSF 的研究。身體調控骨髓製造幹細胞，是需要身體能夠產生足夠的訊號：激活幹細胞生長因子，主要就是 G-CSF 與 SCF。可惜的是，人體過了 20 歲，身體產生這些訊號就會驟減，因此也是老化的開始。

我們不得不重視這些訊號，但是在天然的食物中無法取得這種訊號，因為人體細胞才能製造人體的蛋白質，這也是人類的 DNA 進行轉錄 RNA，再轉譯成蛋白質的基因表現產物。其他物種的 DNA 與人類不同，當然它們身體做出來的 G-CSF 與 SCF 蛋白質就不盡相同。所以豬、牛、羊、鹿身體的幹細胞生長因子，人體是會排斥的，當然不可能變成蛋白質藥物。如果人體生病了，需要蛋白質來治療，例如胰島素治療糖尿病患者，是必須使用微生物工程技術來製造人類的胰島素。這就是最新生物科技：蛋白質製藥技術。目前世界的蛋白質藥廠製造疫苗、胰島素、G-CSF 等，以美國為翹楚。早在 40 年前美國藥廠就能夠應用細菌微生物做為宿主，放入含有人類的生命密碼（mRNA 反轉錄成 cDNA）的質體，並將轉染質體的微生物大量培養後，純化出微生物產製的人類蛋白質，重新折疊成有功能的立體結構蛋白質。而我們製造 CD34 活性蛋白（SCF+G-CSF）的技術則是改良用比較高等而無毒的酵母微生物做為宿主，製造出來的人類蛋白質更較大腸桿菌更具五倍的活性（圖 3-2）。

目前在蛋白質生技製藥中， G-CSF 已經是 20 多年的安全性高的醫學注射用藥了。但是如果將生長因子包裹在微晶球中，除了可以保存活性，甚至可避免胃酸的破壞，如此就可以口服的方式給予這些具有活性的生長因子。前面已經述及微晶球的實驗及人體試驗的結果，證實口服劑型是可行的。接著來介紹相關的科學報告。

高科技 CD 34 活性蛋白微生物工程技術

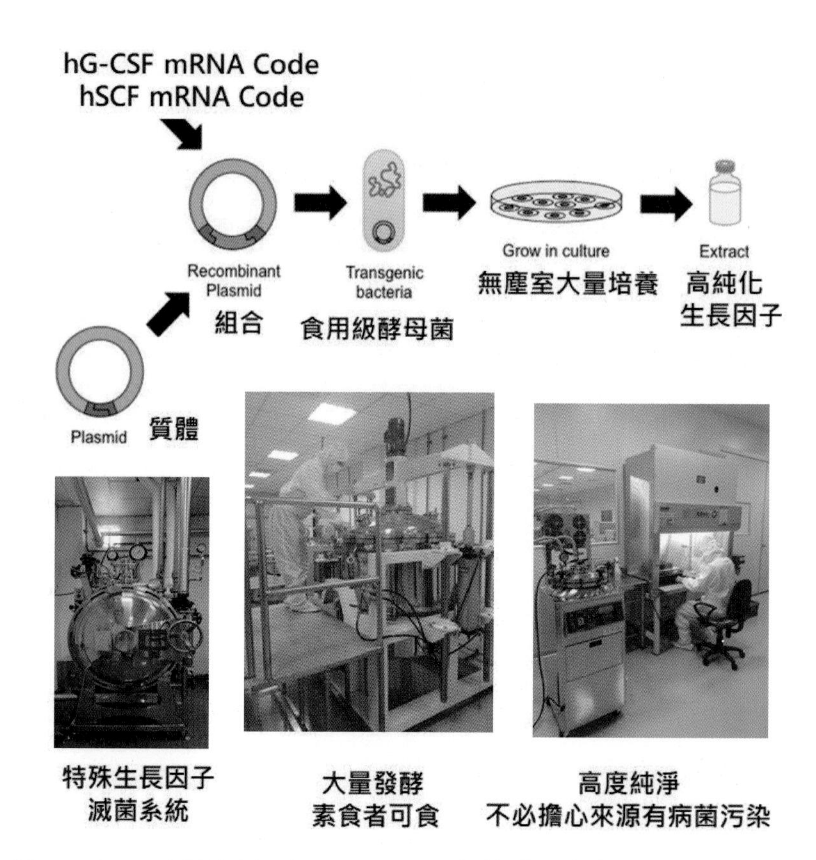

圖 3-2 CD34 活性蛋白（SCF+G-CSF）的酵母微生物製程技術。（林佳靜教授智財權）

SCF & G-CSF 基礎科學

G-CSF（白血球生長因子）

它是一種能夠刺激骨髓性細胞（myeloid cells）生長的細胞激素，結構是一種醣蛋白，由單核細胞、巨噬細胞、纖維母細胞，以及內皮細胞所分泌。最早是在 1960 年代中期被發現，它可以調控骨髓性細胞的生長、成熟、發育，而在 1980 年代末期開始有微生物產製的 G-CSF，主要是使用在白血病的骨髓移植時，趨動骨髓中幹細胞進入血液及白血球成熟作用，增加骨髓移植後的成功率。

SCF（幹細胞生長因子）

SCF 可由纖維細胞及內皮細胞產生的一種細胞激素，有水溶性與穿膜性兩種型態，而在血液中的水溶性是以雙聚體形式存在的結構蛋白。主要在身體的功能是激活骨髓中血球細胞的增生作用、生精作用，以及黑色素細胞再生避免白化。SCF 也在胚胎的肝臟及骨髓發育扮演相當重要的角色，避免胚胎因貧血而死亡。

由於 SCF 與 G-CSF 在骨髓幹細胞扮演重要的角色，SCF 主要是增生骨髓幹細胞的訊號，我稱它為啟動幹細胞的金鑰匙；

CD34 生長因子 (G-CSF+ SCF) 科學新知

G-CSF
SCF

1 通過血腦障蔽
Pass through the blood-brain barrier

(Zhao *et al.*, 2007)

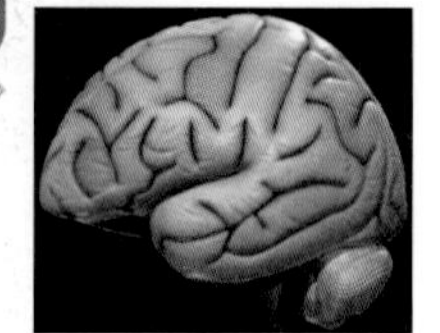

2 腦神經細胞抗發炎及凋亡
Anti-inflammation and Anti-apoptosis

(Dhandapani *et al.*, 2005; Solaroglu *et al.*, 2006)

3 造血幹細胞與間質幹細胞的增生、遷移、分化
Proliferation, Mobilization, and Differentiation of HSC and MSC

(Hess *et al.*, 2002; Li *et al.*, 2001)

4 腦神經細胞再生
Neurogenesis

(Jin *et al.*, 2002; Jung *et al.*, 2006; Shyu *et al.*, 2004)

圖 3-3 G-CSF 與 SCF 在人體的主要功能

G-CSF 主要是趨動骨髓幹細胞到血液中，並且有促進免疫細胞生長的功能，我稱它為啟動幹細胞的銀鑰匙。二者合一，功效放大，將之命名為「CD34 活性蛋白」，意思就是啟動 $CD34^{+}$ 造血幹細胞的生長因子訊號。科學家對這兩種生長因子的研究已經有相當多年了，有非常多的國際科學期刊報導證實它們在人體的功能。首先以圖 3-3 做一個主要功能的介紹。

代謝症候群科學報告

1. 當代謝症候群患者（高血壓、高血脂、高血糖）的 CD34 造血幹細胞不足時，他們的修復力非常差，是心血管疾病的高風險群。

   Decreased number and impaired functionality of endothelial progenitor cells in subjects with metabolic syndrome: implications for increased cardiovascular risk. Jialal *et al.* Atherosclerosis 2011; 211(1):297-302.

2. 糖尿病足部潰爛在糖尿病患者是一種嚴重症狀，常因截肢而造成死亡。以幹細胞治療糖尿病足部潰爛在預備臨床及臨床試驗上具有明顯改善的效果。

   Stem cell therapy for diabetic foot ulcers: a review of preclinical and clinical research. Lopes *et al.*Stem Cell Res

Ther. 2018; 11:9(1):188.

3. 給予 G-SCF+SCF 提升周邊血造血幹細胞且改善糖尿病足部潰爛的癒合。

表 3-2 糖尿病傷口

性別	出生年	照片	檢測日期	周邊血 $CD34^+$ 造血幹細胞數量
女	1968	A	2020/06/23	1.1 億
		B	2020/12/28	1.8 億

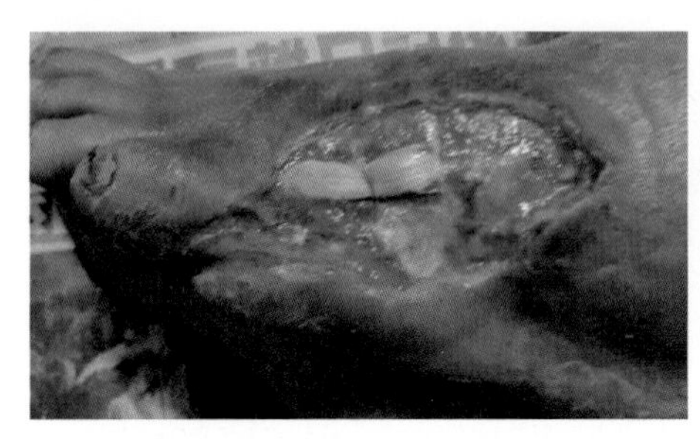

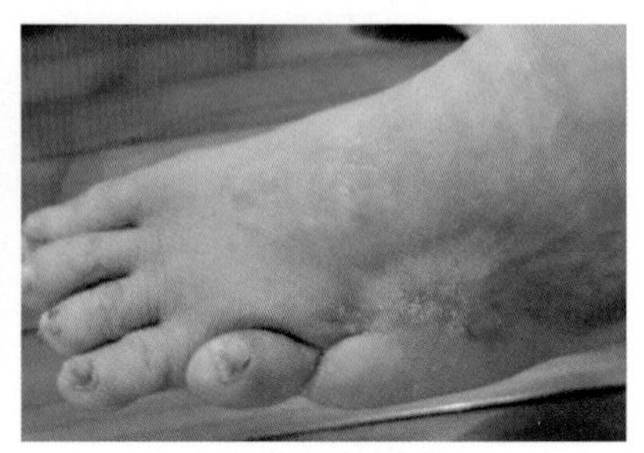

圖 3-4 G-CSF+SCF 提升周邊血造血幹細胞，且改善糖尿病足部潰爛的癒合。

中風科學報告

1. 臨床第 I 期試驗證實 $CD34^+$ 造血幹細胞有助缺血性腦中風修復。

Intra-carotid arterial transfusion of autologous circulatory derived CD34+ cells for old ischemic stroke patients – a phase I clinical trial to evaluate safety and tolerability. Sung et al. Am. J. Transl. Res. 2018;10(9):2975-2989.

2. SCF+ G-CSF 治療有助於腦中風六個用後神經細胞與血管的新生修復。

   Repairing the brain by SCF + G-CSF treatment at 6 months postexperimental stroke. Cui *et al*. ANS Neuro. 2016; 9; 8(4).

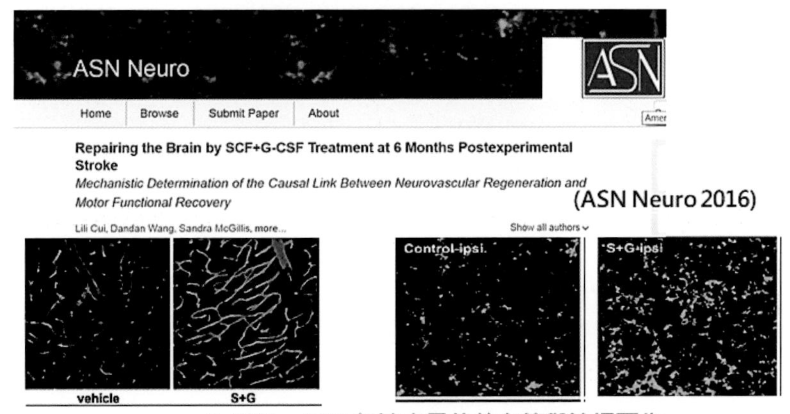

圖 3-5

（修改圖出自：Repairing the brain by SCF + G-CSF treatment at 6 months postexperimental stroke. Cui et al. ANS Neuro. 2016; 9; 8(4).）

3. 幹細胞及 G-CSF 有助於腦損傷後的抗發炎治療。

Stem cells and G-CSF for treating neuroinflammation in traumatic brain injury: aging as a comorbidity factor. Dela Pena *et al.* J Neurosurg Sci. 2014; 58(3):145-149.

腦部退化性疾病科學報告

1. 早期阿茲海默失智症患者的血液中，長期出現低濃度的 G-CSF，預期 G-CSF 可做為預防失智症的保健。

   Decreased plasma levels of granulocyte-colony stimulating factor (G-CSF) in patients with early Alzheimer's disease. Laske *et al.*J Alzheimers Dis. 2009;17(1):115-23

2. G-CSF 促進巴金森氏症小鼠的修復力。

   Granulocyte-colony stimulating factor (G-CSF) enhances recovery in mouse model of Parkinson's disease. Song *et al*. J. Neurosci Lett. 2011 Jan 7;487(2):153-7.

3. G-CSF 已進行阿茲海默失智症患者的先導型試驗，預期可延緩失智症的惡化。

   Pilot study of granulocyte-colony stimulating factor for treatment of Alzheimer's disease. Sanchez-Ramos *et al*. J Alzheimers Dis. 2012;31(4):843-55.

4. SCF + G-CSF 可以減少失智症腦部 Aβ 蛋白的沉積。

Stem cell factor and granulocyte colony stimulating factor reduce β-amyloid deposits in the brains of APP/PS1 transgenic mice. Li *et al*. Alzheimer's Research & Theropy 2011, 3:8.

5. G-CSF 趨動出來的骨髓間質幹細胞受到 CXCR4/SDF-1 趨化性去補充失智症小鼠的神經導向細胞。

   G-CSF mobilized bone marrow mesenchymal stem cells replenish neural lineage in Alzheimer's disease mice via CXCR4/SDF-1 Chemotaxis. Wu *et al*. 2017; 54:6198-6212.

心血管科學報告

1. 心臟局部注射 SCF 可以改善骨髓產生的幹細胞回巢到心臟栓塞的地方。（圖 3-6）

   Local injection of stem cell factor (SCF) improves myocardial homing of systemically delivered c-kit + bone marrow-derived stem cells.Lutz*et al*. 2008;77(1):143-50.

2. 急性心肌梗塞的幹細胞趨動（Stem Cells Mobilization in Acute Myocardial Infarction）的第二期臨床試驗證實：早期施打 G-CSF 有助於幫助日後心臟的長期性重塑。

   G-CSF for extensive STEMI. Achilli*et al*.2019;125(3):295-306.（圖 3-7）

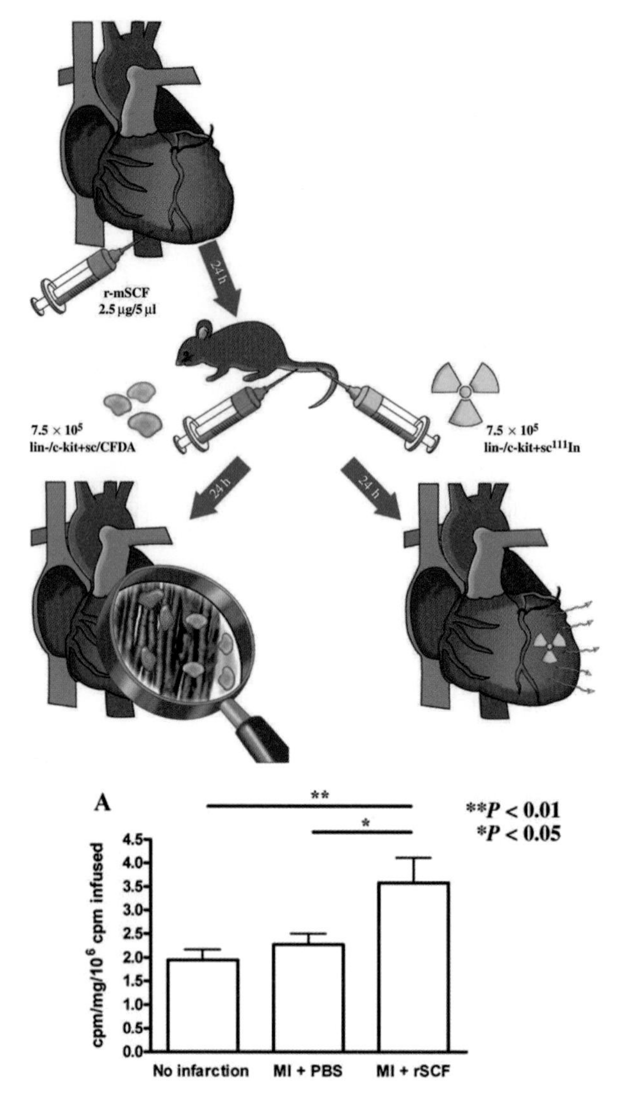

預處理幹細胞生長因子，可增強全身遞送的放射性標記幹細胞歸巢心肌細胞。

圖 3-6

（修改圖出自：Local injection of stem cell factor (SCF) improves myocardial homing of systemically delivered c-kit + bone marrow-derived stem cells. Lutz *et al*. Cardiovasc Res. 2008 Jan;77(1):143-50.）

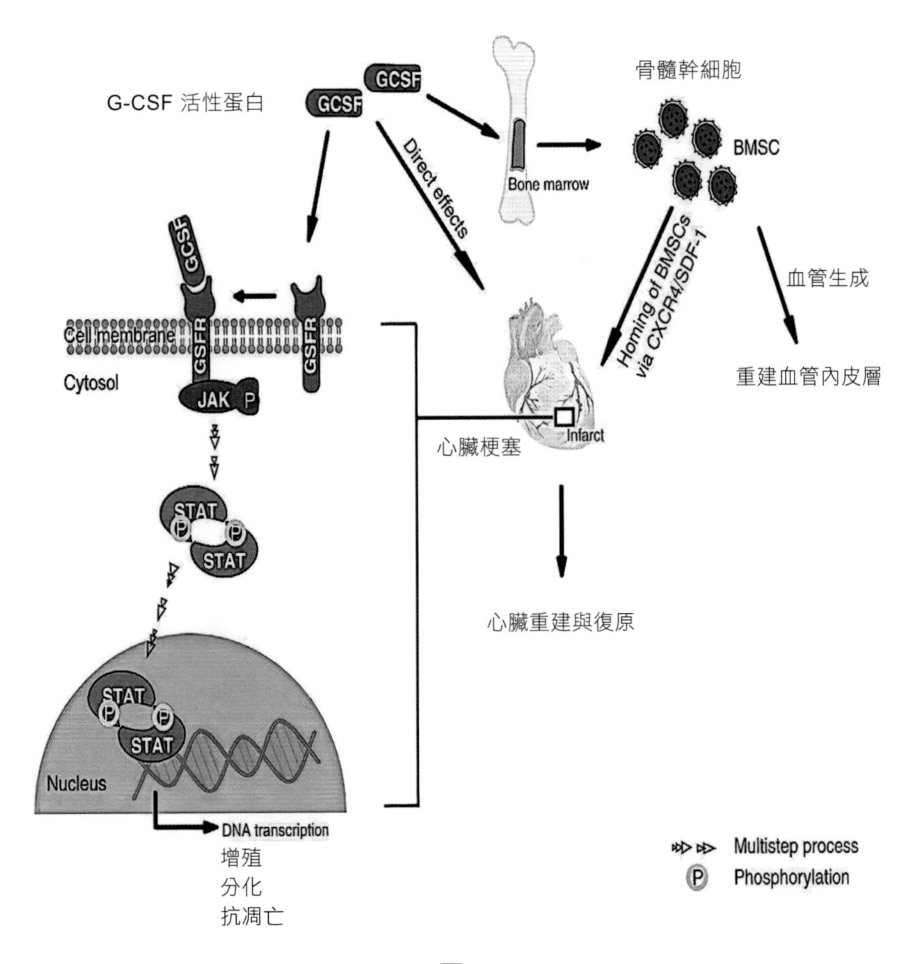

圖 3-7

（修改圖出自：G-CSF for extensive STEMI. Achilli *et al*. Circ Res. 2019 Jul 19;125(3):295-306.）

3. 心肌梗塞之後利用注射 G-CSF 來改善心臟重塑及神經血管的再生，可以做為心臟衰竭的臨床新治療。

   Application of G-CSF in Congestive Heart Failure Treatment. Pourtaji *et al*. Curr. Cardiol. Rev. 2019;15(2):83-90.

4. 以注射 G-CSF 來趨動骨髓幹細胞做為急性心肌梗塞的治療，在臨床上的評估確實是有助益於心血管的重建。

   G-CSF for stem cell therapy in acute myocardialinfarction: friend or foe?Shim*et al.*Cardiovascular Research2011; 89: 20–30.

癌症化療科學報告

1. 近期衛福部已允許 CD34^{+} 幹細胞可以治療：（1）血液惡性腫瘤：①白血病，②淋巴瘤，③多發性骨髓瘤。（2）慢性缺血性腦中風。（3）嚴重下肢缺血症。

   資料來源：高尚志、林致凡、劉雅芳（新光醫院），台灣特管辦法通過之免疫細胞治療，台灣醫界學刊，2020; 63: 4。

2. SCF + G-CSF 二者合用，比單獨使用 G-CSF 對提升自體的 CD34^{+} 造血幹細胞效果更佳顯著。有助於提升癌症患者於化療的修復力。

Management strategies for the hard-to-mobilize patient. Stiff *et al*. Bone Marrow Transplantation 1999; 23(2), 529-533.

3. 先前以化療及細胞激速處理失敗的多種淋巴癌患者（NHL, 非何傑金氏淋巴癌; MM, 多發性骨髓瘤; HD, 何傑金氏淋巴癌），改由以 AMD3100 藥加上 G-CSF 注射則成功趨動出 CD34^{+} 造血幹細胞。

   AMD3100 plus G-CSF can successfully mobilize CD34^{+}cells from non-Hodgkin's lymphoma, Hodgkin's disease and multiple myeloma patients previously failing mobilization with chemotherapy and/or cytokine treatment: compassionate use data. Calandra *et al*. Bone Marrow Transplantation 2008;41,331–338.

4. G-CSF 使用在病人化學治療後，可以加速中性球的恢復，減少感染的機會。G-CSF 被證實可預防或治療化療後的嗜中性白血球低下合併發燒症（febrile neutropenia, FN）。接受化療的患者最常見的毒性~ FN 併發症，包含嚴重感染，導致住院，增加醫療資源的支出及死亡率。G-CSF 被證實可預防或治療 FN。G-CSF 為高價藥品，因此限制了在臨床上的使用。因考慮昂貴醫療保險費用，國外治療指引建議初級預防 G-CSF 的使用，是化療後預期發生 FN 風險大於 20%的癌症患者。

G-CSF utilization rate and prescribing patterns in United States: associations between physician and patient factors and G-CSF use. Barnes *et al*. Cancer Medicine 2014.

5. 在早期乳癌進行化療之前，先給予 G-CSF 做為預防，可以降低因化療造成的發燒等不適（FN）。

   Time trends in utilization of G-CSF prophylaxis and risk of febrile neutropenia in a Medicare population receiving adjuvant chemotherapy for early -stage breast cancer. Goyal et al. Support Care Cancer 2018;26(2):539-54.

6. 日本乳癌患者在進行 EC 化療之前，先給予 G-CSF，有助於改善治癒效果。

   Prophylactic administration of granulocyte colony stimulating factor in epirubicin and cyclophosphamide chemotherapy for Japanese breast cancer patients: a retrospective study. Sakurada et al. Cancer Chemother. Pharmacol. 2019; 84():1107-1114.

生殖機能科學報告

1. SCF 有助於男性生殖器官產生雄性素

Stem cell factor functions as a survival factor for mature Leydig cells and a growth factor for precursor Leydig cells after ethylene dimethane sulfonate tratemt: implication of a role of the stem cell factor/c-kit system in Leydig cell development. Yan *et al.* Developmental Biology 2000; 227: 169-182.

2. SCF 有助於男性生殖器官新生生精細胞

Regulation of proliferation and differentiation in spermatogonial stem cells: the role of c-kit and its ligand SCF. Ohta *et al.* Printed in Great Brain. The Company of Biologists Limited 2000; 2125-2131.

3. SCF 有助於女性生殖器官卵巢功能

Roles of Kit and Kit ligand in ovaria function. Driancourt *et al.* Reviews of Reproduction 2000; 5:143-152.

4. G-CSF 有助於減緩更年期的不適

Methods of treating symptoms associated with menopause and hormonal variations with G-CSF. Duke *et al.* United States Patent, US 9216206B2, Date of Patent Dec. 22, 2015.

安全性科學報告

追蹤 3928 位日注射 7.5 μg/day/kg G-CSF 的非疾病志願者 12 年並無增加致癌機率。

Safety and efficacy of hematopoietic stem cell collection from mobilized peripheral blood in unrelated volunteers: 12 years of single-center experience in 3928 donors. Hollg et al. Clinical Trials and Observations 2019.

林佳靜
教授
CH 4

第四章

幹細胞營養學的應用性與遠景

前面介紹了一些近年來利用 SCF、G-CSF、SCF+GCSF 的科學報告，其實身體自己本來就應該要分泌的訊息，只是大部分人都隨著年紀而下降了，尤其是罹患疾病的人更是少。如果可以用以口服營養品的方式補充，這確實是可以幫助到許多人，而且不僅是生病的人，平常的提升免疫力、造血功能、修復力都是很好的方式。因此，我們為什麼用食品級的酵母菌來做宿主，生產人體的 SCF 與 G-CSF，就是希望安全無毒，而且包裹食材級的微晶球就是希望每日保養，免去打針的不便。

以口服的營養品能夠提升自體骨髓產生幹細胞，並且釋放到血液中，都是健康的幹細胞，提升自體的療癒能力。幹細胞營養學的重點主要是在淨化、新生、身體的整體改善，而生病、亞健康、健康的人都可以依身體情況進行保養，應用性很廣。我們這麼多年的動物試驗級人體試驗，其實幫助到很多人，我們很希望幹細胞營養學能被大眾瞭解及接受，因為幹細胞的時代來臨了，大家別錯過。

我們從事了人體試驗的十多年，使用細胞頻譜的龐大數據觀察到了中年人身體老化的關鍵因素竟然是三大系統的毒素堆積：消化道、血液、淋巴系統，這些毒素的清除淨化則是進行保健的首要工作，這些毒素不進行清除也是會嚴重影響到骨髓製造幹細胞的能力，甚至幹細胞的存活力。

所以，提到骨髓幹細胞製造的養分與細胞的運送，就必須先提到身體三大系統：第一是消化道系統的營養運送與廢物的排泄；第二是淋巴系統的免疫功能與運送；第三是血液系統的血球、養分、廢物的運送。這三大系統如果有毒素阻塞、細菌或病毒感染，其實身體的組織細胞都會衰老的非常快，也包括了製造幹細胞的骨髓、毒素多製造不出來幹細胞，即使製造出來了送到淋巴、血液中運送也會被毒死。

所以，平日的抗衰老保健工作必須從三大系統淨化開始，再來談修復新生（圖 4-1）。

圖 4-1 源生養健的首要工作：先淨化，再修復。（林佳靜教授智財權）

4-1 淋巴系統與幹細胞的關聯

我們已經提到骨髓可以製造 $CD34^+$ 造血幹細胞，進而分化形成的淋巴細胞（B 細胞、T 細胞、NK 細胞），以及巨噬細胞、嗜酸性球、嗜鹼性球、嗜中性球等等，多數輸送到淋巴系統進行過濾的工作，最後會進入血液循環系統，這些能夠進行身體的免疫功能，通稱為白血球。要免疫細胞強大，也要提供良好的淋巴系統的流動與微環境的淨化。

淋巴系統的主要功能有：回收組織液、運送脂溶性養分、進行免疫反應。由於血漿會從微血管管壁滲漏變成組織液，部分的組織液進入微淋管的末梢盲管成為淋巴液。淋巴管內有瓣膜控制，所以流動的方向是單向流動，過程中會通過有許多淋巴結，進行細菌、病毒、毒素的過濾作用，淋巴管也會進入淋巴組織，包含初級淋巴組織與器官（淋巴球生成、發育、成熟的場所）：骨髓與胸腺；及次級淋巴組織與器官（發生免疫反應的主要位置組成）：脾臟、淋巴結、扁桃腺、黏膜表層。淋巴系統的輸送路徑是微淋管→小淋巴管→大淋巴管→胸管、右淋巴總管→左、右鎖骨下靜脈→上腔靜脈。而淋巴循環有遍布全身的淋巴管，把各部位的廢物帶到淋巴結過濾後，才會讓淋巴液進入血液中，並由排汗及排尿的方式排出體外。

身體運動是淋巴流動的主要動力，而運動流汗是淨化淋巴循環系統最好的方法。所以，常坐著少動，身體的淋巴循環當然差，水流不疏通，毒素堆積，容易導致器官衰老及癌細胞的產生。

擔任不同免疫功能的白血球

非專一防禦（先天性免疫：與生俱來的作用）

在抵制入侵者時，無特定對象。消滅病源，並在專一性免疫反應啟動前，做防止感染擴散的工作。包括：巨噬細胞、嗜酸性球、嗜鹼性球、嗜中性球、肥大細胞、NK 細胞、補體等等（圖 4-2）。這些白血球都具有吞噬作用，可以把病源菌、毒素廢物、粉塵、油脂類物質等等吞飲到細胞內，進行分解作用。

專一性防禦（後天性反應：出生後才逐漸建立的反應）

利用 B 細胞產生抗體與 T 細胞來對抗入侵物與癌細胞等，入侵物與淋巴球之間具有專一性。目前施打疫苗的功效就是走專一性防禦的路線。

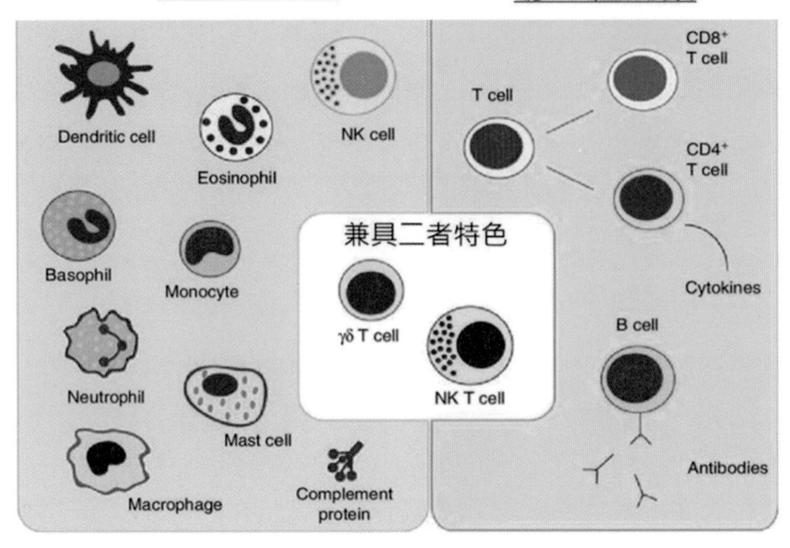

圖 4-2 非專一性與專一性防禦的淋巴球。

（修改圖出自：Recent advances in characterization of nonviral vectors for delivery of nucleic acids: impact on their biological performance. Oliveira *et al*. Expert Opin Drug Deliv. 2015 Jan;12(1):27-39. doi: 10.1517/17425247.2014.945421. Epub 2014 Aug 21.）

骨髓製造出 CD34^{+} 造血幹細胞之後，可以走向淋巴幹細胞，再分支出去形成於 NK 細胞，B 細胞與 T 細胞。而 B 細胞與 T 細胞兩者的差異性在於：T 細胞形成之前必須先進入胸腺培訓，培訓成帶有不同任務的輔導性（CD4^{+}）、胞殺性（CD8^{+}）、調節性（CD4^{+}）的 T 細胞等。有趣的是，人活愈久，胸腺會萎縮到幾乎不見了，所以年紀大了，胞殺 T 細胞變少了，所以抗病毒、殺癌細胞的能力會大大下降，因為它們能夠溶解病原菌的外壁，然後注入穿孔素，這有毒的成分會毒殺分解病原菌。這也是為什麼近十幾年來，許多對抗腫瘤的細胞免疫療法會趨向於強化 NK 細胞了。

自然殺手細胞（Natural Killer Cell, NK）

由骨髓淋巴幹細胞發育而成，其分化、發育依賴於骨髓微環境，主要分布於周邊血和脾臟，在淋巴結和其他組織中也有少量存在。因為其非專一性的細胞毒殺作用而被命名，是一種細胞質中具有大顆粒的細胞，簡稱 NK 細胞。沒有 T 細胞與 B 細胞所具的受體，不會進行受體的基因重組，約占所有淋巴球的細胞的 5 到 10%，但它可以消滅許多種病原體及多種腫瘤細胞。自然殺手細胞會直接和陌生細胞接觸，並以細胞膜破裂之方式殺死此細胞，可利用分泌穿孔素及腫瘤壞死因子，摧毀目標細胞。一般認為在周邊血單核細胞中分選到 $CD56^{+}/CD^{3-}$ 的細胞即為 NK 細胞。

NK 細胞治療新冠肺炎的研究，已經開始了新型冠肺炎病毒屬於一種對免疫有干擾的病毒。臨床上可以觀察到，患有新冠肺炎的患者淋巴細胞下降。而 NK 細胞已經被證實，對於這種會產生「免疫逃逸的病毒」有效。就理論上來說，NK 細胞對新冠肺炎病毒的治療是有效的。所以，要產生足夠量的 NK 細胞，首先必須提高足夠量骨髓造血幹細胞，因為這是上游的源頭。

提升免疫力的要素

淋巴管道的毒素主要來自消化道與呼吸道

淋巴液中由外在環境來源的病原菌、毒素及粉塵等，主要途徑是經由消化道與呼吸道進入。就像近期擴散的 COVID-19 病毒一樣，可以經由空氣傳染，所以傳播速度相當快，戴口罩可以隔絕掉一些空氣中的病毒，就變成基本需要的防護品了。但是，經口、眼睛的黏膜也是有可能感染，所以用肥皂勤洗手也是非常重要的防護工作。

空氣中含有汽機車排放廢氣含有環狀的苯化物、重金屬鉛、塑膠類燃燒的黑煙含有雙苯環的戴奧辛等、工業區排放的微粒塵、抽菸的焦油、烹煮的油煙等，這些進入到肺泡都是會被巨噬細胞吞噬，然後分解、排出。問題是，很多苯環類的結構並不容易代謝掉，結果是日積月累堆積在淋巴結中，造成細胞病變，常見的有：肺癌、肺腺癌、乳癌、前列腺癌等。

食物從消化道進入到小腸，如果是油脂類的長鏈脂肪酸、膽固醇、苯環類物質、燒焦、油炸產生的過氧化脂質等等，會與膽汁混合形成乳糜球，並在小腸的乳糜管吸收，這也是小小的微淋巴管，也是匯集送到淋巴結與淋巴管，最後才會進入血液。因為淋巴管的流動是單向的，所以吃進去的油脂類毒素也是會被淋巴結過濾後，才會進入血液中，這已經是一項很不錯的保護機制了。只是，淋巴液流動需要靠運動，排泄需要靠流汗與尿液，自由基的基毒素去除需要抗氧化物，如果運動不足、流汗少、開水喝不足、抗氧化物不足，那麼上述的癌細胞形成也就機率變高了。所以，少吃油炸與燒烤、少吃藥、不抽菸、多喝水、定期運動流汗，這些對淋巴系統的排毒是重要的日常保健工作。

抗氧化植化素

免疫細胞中吞噬作用是非常重要的，能夠把病原菌吞進入細胞後進行分解。這種方式也是一種氧化自由基的攻擊，白血球的細胞膜上有 NADPH oxidase，一旦被活化後會將 O_2 氧化成 O_2（superoxide anion），這是一種攻擊性很強的自由基，竟然是作為免疫防禦武器。可以說免疫細胞為了殺死病原菌產生了自由基，這把利刃可以砍殺病原菌，卻也可以誤傷臨近的組織細胞，尤其是讓血管內皮細胞受傷結疤，造成血管凹凸不平，容易阻塞而且硬化。傷亡狀況嚴重的話，就是發炎、發燒、疼痛讓、紅腫、化膿等等現象。當免疫細胞殺紅了眼，已經敵我不分時，最需要的處理是先滅火，所以抗發炎、鎮靜的食物及藥物是首要。

植物中含有不少抗氧化、抗發炎的成分，例如：花青素、類黃酮、兒茶素、維生素 C、維生素 E、胡蘿蔔素、咖啡酸等等，可以將自由基去除、控制發炎，把一片屍橫遍野的狀況收拾清掃，避免產生免疫風暴是非常有效果的。抗氧化的功能就是可以去除自由基，可以說是協助身體排毒的重要成分，這也說明了為什麼生病後、手術後、化療後的病人，可以施打高劑量或是多補充維生素 C 做保養了。

優質蛋白質

製造免疫細胞需要充分的胺基酸，食物中含有十種必需胺基酸最好的蛋白質來源就是奶和蛋，每日早晨最好有補充到至少其中一種。 近年來營養學家開始重是老年人的肌少症問題，肌肉減少造成運動力的不足，非常容易跌倒及脊椎彎曲受損，身體的肌肉量與壽命有相關性。此外，免疫細胞產生抗體也是蛋白質，需要均衡的胺基酸組合。因此鼓勵上了年紀的人要補充優質蛋白質，尤其是奶、蛋、魚之類的優質蛋白質，以提供肌肉與免疫抗體的生成。

運動提升體溫

食物中可以增加粒線體活力的成分，例如：Q10、瑪卡、NMN、菸鹼醯胺等；黑色類的芝麻、黑核桃、黑棗等；大蒜、薑、洋蔥、辣椒素；精胺酸可以產生血管內皮細胞的一氧化氮（NO），都是可以提升體溫的不錯選擇。

提升體溫是最快速的方法就是運動、泡熱水澡，當體溫上升時會增加淋巴流動，並且流汗是淋巴排毒最有效的途徑，加速淋巴結過濾毒素的最好方法。惟獨有一點是不可取的，那就是喝酒。酒精是會提升體溫由汗腺去揮發酒精，這本身就已經是排毒了，但是而酒精代謝形成的乙醛反而是更強的毒素，不僅傷肝，也更容易累積毒素在淋巴結中，反而更降低免疫功能了。

夜間深層睡眠

宇宙的生物是依循著太陽的晝夜規律而設計的，白天活動、夜間修復新生。身體的免疫細胞在骨髓增生、分化，T 細胞在胸腺成熟，這些工作主要都在夜晚無光線的時候進行。自從電燈發明之後，人類的生活習慣改變，夜間仍舊燈火通明，雖然增加了工作時數，卻不知道影響身體幹細胞的修復時間，熬夜降低免疫能力、造血能力、修復新生能力，甚至連腦部在進行垃圾毒素清掃的時間都沒有了。

而人體腦部的松果體所分泌的一種荷爾蒙褪黑激素（Melatonin），它會根據所接受的光量多少來決定分泌的量。松果體主要在夜間分泌褪黑激素，白天下降，夜間則上升，一般晚上入睡後其血中濃度為白天的 10 倍，所以有「睡眠荷爾蒙」之稱。褪黑激素在血中的濃度與年齡有關，出生 3 個月後開始上升，3 到 5 歲幼兒的夜間褪黑激素分泌量最高，青春期分泌量略有下降，45 歲後大幅下降，到老年時晝夜節律漸趨平緩，甚至消失，因此老人家的睡眠通常較短也睡不好。

褪黑激素是色胺酸這種胺基酸的衍生物，在中樞神經系統裡有許多功能，最重要的功能就是幫助調節睡眠型態。黑暗會刺激松果體分泌褪黑素，反之光亮則會對其抑制。光線刺激傳遞的結果，使松果體停止分泌褪黑激素。所以，晚上睡覺的時候不要有光線，否則長期對睡眠生理的調節機制會失序，並且也會造成月經週期的紊亂。

晚上 11 到 2 點的時間是褪黑激素最多的時間，也是深層腦波的睡眠時間，也是細胞新生修復的時間，也是大腦清除垃圾的時間，此等時間錯過，容易衰老、免疫力不佳則是必然了。

曬太陽

曬太陽可提升身體的 Vit D3 的合成，目前已經知道 Vit D3 參與了一百多種生理反應，對免疫細胞的成熟作用也是有幫助的，也包括讓晚上比較好入眠，有助於褪黑激素夜晚分泌量增加。

4-2 血液系統與幹細胞的關聯

血液中所包含的血球細胞比起淋巴系統僅含有白血球之外，還有紅血球及血小板，這些血球細胞的更新來源也是骨髓的 CD34+ 造血幹細胞。如果血液中毒素太多，會降低幹細胞的產生量及快速的耗損，所以血液淨化是打掃體內環境的重要課題。

血液系統流動的主要動力就是心臟的跳動，而血管的阻塞與硬化都是嚴重影響血管系統的流動通暢與否，血管內血液毒素的堆積就多半來自於糖分與油脂的自由基氧化物，所以吃對的，適量的油脂、控制糖份是飲食的關鍵。在血液問題多半在 35 到 45 歲開始出現警訊，到了 60 歲很容易就產生心血管疾病（cardiovascular disease, CVD），於 2019 年統計心血管死亡人數成長率是癌症 的 3.5 倍！包括冠狀動脈心臟病、腦血管疾病或中風。大家要提早重視心血管的預防策略，就是從降三高：高血壓、高血脂、高血糖來著手進行。也就是說如何避免三高就是保養心血管的最好方法。目前在營養學上已經歸納出一些重點：脂肪總攝取量占每日總能量 30%，少吃反式脂肪，飽和脂肪攝取量低於 7%總能量，單元不飽和脂肪酸低於 20%總能量，多元不飽和脂肪酸低於 10%總能量，膽固醇攝取量低於每日 200 毫克，每日攝取 2 公克植物固醇，水溶性纖維的攝取量每日 20 到 30 公克，多吃粗糧纖維素有助降低血脂（三酸甘油脂及 LDL-C 膽固醇），節制糖分攝取、控制酒精，保持正常體重，增加體健活動，每日喝足夠的開水（1500 mL），重視植化素的抗氧化功能且可以降低 LDL-C、提高 HDL-C，Ω3 脂肪酸形成 DHA（6 個雙鍵的不飽和脂肪酸）可以抗發炎、抗凝血。

此外，台灣民眾也普遍的存在著貧血現象，主要是形成紅血球血紅素需要的含鐵蛋白補充不足，最好的食物補充是豬肝、牛肉，卻因為民眾害怕抗生素殘留不敢吃豬肝，以及宗教信仰不吃牛肉等等因素導致。我建議動物性血紅素仍然是最佳的鐵來源，如果只能由植物性食物就是要攝取：菠菜、牛蒡、紅豆、紅棗、燕麥、黑麥等，維他命 C 可增加植物性鐵的吸收率達 3 倍，因此建議鐵質與維他命 C 或果汁一併補充。血液淨化是非常基本又重要的日常保養，每天都要做，不得怠惰。

植化素對血液毒素的淨化效果

我們每天都要吃足夠的蔬菜水果，因為含有豐富的植化素、維生素及礦物質。植化素也就是血液中最好的抗氧化物質，可以去除自由基的毒素，而我們研究室針對洛神花、山苦瓜、薑黃、黑色瑪卡等萃取物做了很多研究，發現組合配方對脂肪及醣類新陳代謝效果非常佳。

有效降低 LDL-C、提高 HDL-C

許多報告中證實有些植物含有多種植化素，食用之後對降低壞的膽固醇及提高好的膽固醇有幫助。

提升長壽蛋白及新陳代謝的基因表現

植化素組合可以提高脂肪細胞的長壽蛋白脂聯素 ADIPOQ 基因、長壽蛋白 Sirtuin 基因、GLUT-4 胰島素受體敏感性基因、燃燒脂肪及增加新陳代謝等基因的表現，如圖 4-3 所示。

植化素可以加速內臟脂肪的燃燒

內臟脂肪是腸繫膜之間包裹的脂肪，適中可以保護內臟之間的晃動避免損傷，而且會分泌長壽蛋白到血液中，有助於降低血

(a)

Sirtuin 修護基因：加強細胞修護

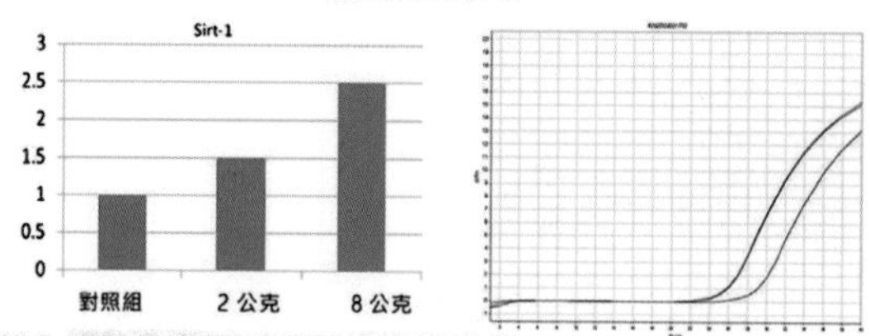

強化細胞修護基因表現 1.5-2.5 倍

(b)

脂聯素 ADIPOQ 長壽基因：調整長瘦體質

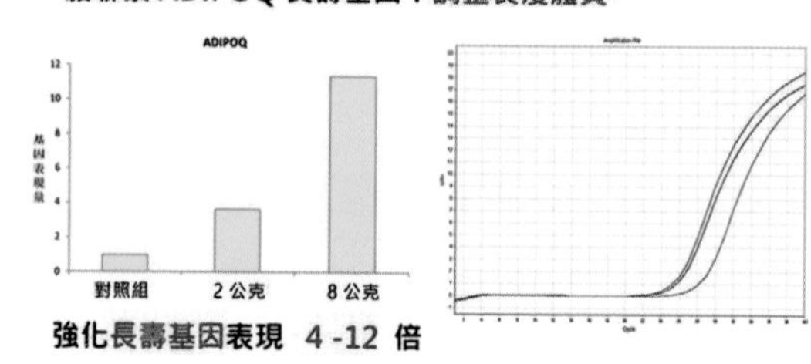

強化長壽基因表現 4 -12 倍

(c)

胰島素受體敏感性基因 GLUT-4：預防糖尿病

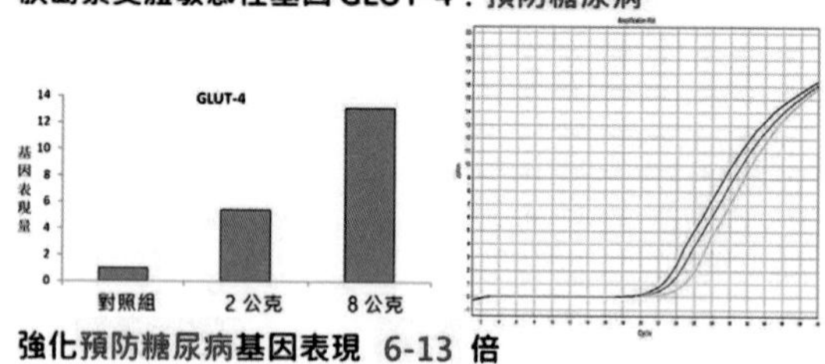

強化預防糖尿病基因表現 6-13 倍

(d)

圖 4-3 植化素組合可以提高的基因表現量。（林佳靜教授智財權）

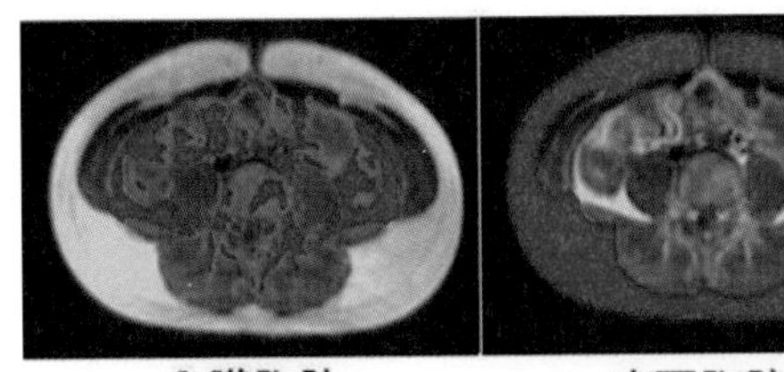

內臟脂肪　　　　皮下脂肪

內臟脂肪超過 10 (抽脂無效)

◆ **形成三高的高度風險值**

◆ **罹患糖尿病是一般人的 7 到 9 倍**

◆ **心肌梗塞、中風之致死率高達 3 倍**

◆ **中年人內臟脂肪超過 10，則 65 歲後失智症風險高出 3 倍。**

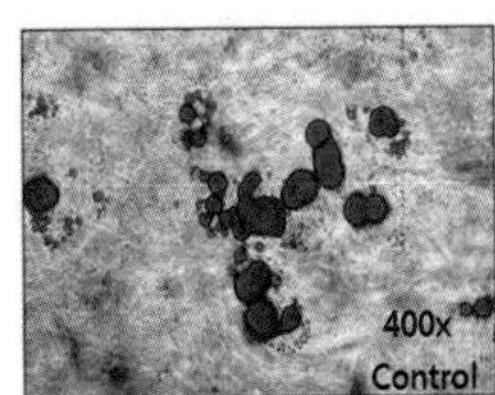

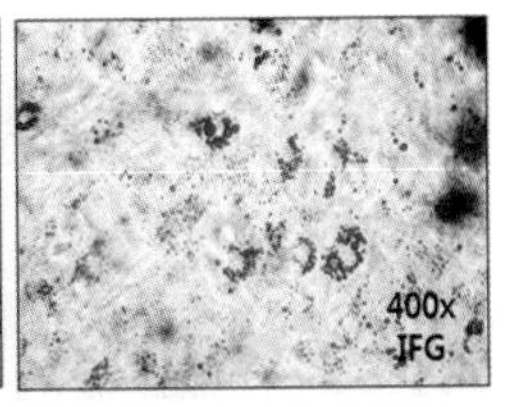

對照組　　　　**植化素處理組**

植化素燃燒脂肪細胞內的油滴，
7 日後有顯著效果。

天然植化素清除血液毒素、
燃燒內臟脂肪

圖 4-4 植化素提高內臟脂肪細胞的燃燒作用。（林佳靜教授智財權）

中 LDL-C 到肝臟進行分解，血糖至肝臟合成肝醣，肝臟內脂肪分解速度，以及加速肌肉的合成。但是老化的時候新陳代謝速度變慢，內臟脂肪蓄積更多的油滴變多變大時，就不再分泌長壽蛋白了，反而分泌發炎激素加速血管及器官組織的老化，不僅容易造成肥胖與三高，還是糖尿病、中風、失智的高風險。如果要降低內臟脂肪就必須運動及植化素雙管齊下，才能達到明顯的效果，圖 4-4。

4-3 消化系統與幹細胞的關聯

中國人常說腸胃是第二個腦是一點也沒錯，近年的西方科學提出「腦腸軸」的說法，是因為有相當多的科學證明，腸胃道的菌相與腦部的發炎退化是息息相關。消化道可以說是每天都要吃食物、喝水、排泄的路徑，消化道的毒素來源主要都是雜菌，包括口腔的牙菌斑、胃部的幽門桿菌及腸道的大腸桿菌、輪狀病毒等都是有毒的壞菌，所以提升免疫力之外要維持好的益生菌數，好菌族群壯大可以抑制壞菌的生長，是族群消長的自然現象。要維持益菌的優勢，就必須知道益菌喜歡的食物與環境（益生質）是什麼？可惜的是，人類的食物太複雜，食品的添加物也是很多，很難維持良好的益生質環境。現在我們來強調一下，要如何維持良好的益生質環境及補充什麼樣的益生菌呢？

補充多樣化乳酸菌叢

人體出生後，腸道系統就有百兆的菌數，菌種非常多樣化的種類，維持互相之間的生態平衡。根據歷史記載，人類最早食用的益生菌來自於酸奶。早在西元前 3,000 多年前，居住在土耳其高原的古代遊牧民族就已經製作和飲用酸奶。後來，酸奶技術被古希臘人傳到歐洲的其他地方。20 世紀初，俄國科學家梅契尼可夫（Élie Metchnikoff）在研究保加利亞人為何有比較多的長壽者，發現這些長壽者都愛喝酸奶，而提出發酵後的乳類中所含的乳酸菌對人體健康有益的理論。

2020 年隨著發酵類食物有益身體的健康知識愈來愈普及後，美國也開始上架銷售高加索人的傳統發酵食物克菲爾發酵乳（Kefir）。克菲爾發酵乳是一種益生菌食品，最早起源於北高加索山區，又由於當地的傳統部落居民都相當長壽，因此他們每天都飲用的克菲爾發酵乳，其健康神奇功效早就聲名遠播。而真正最古老的克菲爾菌叢到底包含哪些有益的細菌，最常被報導的菌種有克菲爾乳酸菌（Lactobacillus kefiranofaciens）、胚芽乳酸菌（Lactobacillus plantarum)、乳酸鏈球菌（Streptococcus Lactis)、乳脂鏈球菌（Streptococcus Cremoris)、乾酪乳酸菌

（Lactobacillus casei）、醋酸菌（Acetic Acid Bacteria)、馬克斯克魯維酵母菌（Kluyveromyces marxianus)，以及釀酒酵母菌（Saccharomyces）等十幾種。正因為有這麼多種類的益生菌存在，所以使得克菲爾發酵乳有著許多對人體的健康作用。

現在，我們可以在超市買到普通的酸奶或優格，它們也是一種發酵乳食品，但通常只含有 1 到 2 種好菌，例如：嗜酸鏈球菌（Streptococcus hermophilus）、保加利亞乳桿菌（Lactobacillus bulgaricus）、乾酪乳酸菌（Lactobacillus casei；乳酸菌的一種）、雙歧桿菌（Bifidobacteria；比菲德氏菌）等。但是克菲爾菌叢則是含有 12 種或更多種類的好菌，比起一般酸奶中僅添加典型的一種或兩種細菌來說菌種更多，正是這種微生物的多樣性，才可以使克菲爾優於一般酸奶等發酵乳食品，食用克菲爾菌叢與減少發炎反應，改善膽固醇水平和健康血壓有著密切相關。

益生質

就是益生菌的食物與環境，通常是人類所不能消化，但是細菌卻可以從中提取養分，或者能夠促進腸胃道益生菌繁衍的環境。包括：纖維素、抗性澱粉、幾丁寡醣、有機酸（蘋果酸、檸檬酸、抗壞血酸等）、果膠（pectin）、果寡糖等成分，能幫助益菌生長，有助於抑制腸道中的不良菌，腸道中的益菌也會將膳食纖維代謝為短鏈脂肪酸（Short Chain Fatty Acids, SFCAs），提供給益菌和人體作為能量來源及抗發炎之物質，攝取的同時還能促進腸道蠕動、使排便順暢。另外，促進礦物質吸收、影響胰島素阻抗性等，也是益生質有機會提供給人體的好處。

充足的水分

每天喝水大約要 1,500 mL，多於 2 公升也不見得好，水是最好的清洗腸胃道溶液，不包括咖啡，茶、飲料等，因為它們的清洗力是不夠的，愈是利尿的、愈甜的飲料，清洗效果愈少。

4-4 CD34 活性蛋白搭配不同營養素進行不同組織的修復

骨髓產生的幹細胞可以到各個老化的組織細胞進行修復，包括了 $CD34^{+}$ 造血幹細胞去分化成白血球、紅血球、血小板等血球細胞，以及 MSC 間質幹細胞去分化成各種組織細胞的新生修復。一旦骨髓的幹細胞源頭接收到足夠的 SCF+GCSF 訊號，就會開始增生幹細胞並且趨動到血液中。接著就是到各個組織去修復，它們到了不同的組織就會受到組織環境所影響，被同化後而激發出不同潛能，分化成不同的細胞。但是要變成不同的細胞需要時間去改變，而且需要不同的營養素去建構，現在我們就來談談什麼組織細胞需要什麼營養素？

心臟

心肌細胞的更替速度非常慢，約是 20 年左右，平時需要注意心臟細胞所需要的能量是血糖，而紅血球攜帶氧氣所需要能量來源也是血糖，所以早餐一定要吃些碳水化合物，非常重要。血糖如果下降而不自知，早餐只喝個提神的咖啡或是紅茶，長期下來，心臟跳動能量不足且供氧量不足，會造成心悸，再嚴重者心肌衰弱，這是目前忙碌的社會容易養成的不良習慣，可能被大家忽略了早餐吃些醣類食物的重要性，竟然跟心臟及紅血球的基本運作有關。另外貧血也是造成心肌衰弱的原因，不論是紅血球不足、變形、血紅素不足等造成的貧血，都需要補充食物中的葉酸、Vit B12、含鐵蛋白等，尤其需要加強注意 Vit B12、含鐵蛋白是素食者最容易缺乏的成分。

在幹細胞的領域，注射幹細胞對心臟衰竭的修復效果其實並不明顯；但是處理 G-CSF 已經在許多科學期刊證實它在心臟血管新生的效果。這個也是口服 G-CSF 劑型可以運用在心臟修復的領域。

腦

腸胃系統會影響大腦的健康，所以腦腸軸已經被科學界所證實。腦部可以利用短鍊脂肪酸做為抗發炎物質、中鍊脂肪酸做為能量來源，而前者是益生菌利用纖維素產生的，後者可以取自食物中的椰子油等。另外，Ω3 脂肪酸所合成的 DHA 及 EPA 也是腦部細胞膜磷脂質的重要組成，可以對抗血管中血栓的形成，並具有抗發炎的效果，避免腦血管阻塞造成腦中風，所以要吃得恰當，就是選擇好油。

在幹細胞的領域，注射 $CD34^{+}$ 幹細胞對阿茲海默失智症的腦部修復效果有明顯改善；而處理 G-CSF 及 SCF 已經在許多科學期刊證實它在腦部血管及神經細胞新生的效果。這個也是口服 SCF+G-CSF 劑型可以運用在腦部神經細胞修復的領域，我們已經在 2021 年 Frontiers in Aging Neuroscience 期刊中證實：脊椎受損小鼠口服 G-CSF 劑型可以降低因脊椎受損造成腦部嗅球區的發炎現象，並且幫助嗅球區分泌神經滋養生長因子進行自我修復。

肺臟

肺部的呼吸作用也是跟外界空氣接觸的首要器官，自然修復新生的能力也是相當好的。肺腺累積的毒素雖然多半來自空氣汙染，但是胃部發炎毒素也是會隨著淋巴管送到肺腺，所以食物中多吃植化素進行肺部毒素的排除，也是相當需要的。此外，何謂肺纖維化？肺臟裡的肺泡壁有血管和淋巴管，可進行氣體交換及養分的輸送。肺纖維化俗稱「菜瓜布肺」，是指為肺泡和血管當中及之間的組織會增厚、變硬、出現疤痕，以致於無法將空氣吸入肺部、運送到全身，進而造成身體缺氧。因此，一旦確診為肺部纖維化，病患平均存活時間一般不超過 3 年，5 年存活率甚至比乳癌、大腸癌還要低。

肺纖維化與睡眠時間長短關聯性

肺纖維化與睡眠時間長短有關，睡眠時間與肺纖維化之間的聯繫在強度上與該疾病的其他已知風險因素相似。正常的睡眠時間是 7 到 9 小時，可以修復身體組織細胞。英國一項研究中提到，與每天睡眠 7 小時的人相比，只睡 4 小時的人，罹患不可逆疾病「肺纖維化」的機率會變成 2 倍，而假日補眠睡超過 11 小時，是因為破壞了時鐘的規律，反而將機率增加為 3 倍。另外，從中研究團隊發現一種重要核心時鐘蛋白 Clock Protein「REVERB α」，它能夠改變肺纖維化中一種重要蛋白的產生，減少患者肺片中造成問題的膠原蛋白。

菜瓜布肺容易找上誰呢？

研究發現，居住在空氣污染嚴重之地區、長期吸入有害化學氣體或溶劑、服用藥物或接受癌症治療、各種肺部感染（尤其是肺結核）或自體免疫疾病等，較容易罹患特發性肺纖維化，而近期肆虐的 COVID-19 則更是會造成嚴重的肺纖維化現象。

由醫學系解剖學科傅教授發現，將人類臍帶間質幹細胞移植至肺臟纖維化的大白鼠中，不僅能長時間存活於大白鼠肺臟中，並能有效治療肺臟纖維化，讓目前無藥可醫的臨床肺臟纖維化治療嶄露一線生機。所以，幹細胞治療對於改善肺纖維化是有可逆性修復的功能。

我們團隊的研究中也深知肺部仍然存在幹細胞再生的源頭，因此研發的口服 CD34 活性蛋白（G-CSF+SCF）也會活化肺部的幹細胞再生，目前正在進行小鼠肺部纖維化試驗。在人體案例中有一位化療肺栓塞的病人，嚴重肺積水，口服 7 天後肺積水改善。而目前也已經有其他人發表的科學報告：採用照射前 G-CSF 行自體幹細胞動員可減輕放射性肺損傷，並降低死亡率，對放射性肺損傷的防治具有正向作用。

腎臟

腎臟本身的修復能力是比較肝臟要弱很多，所以慢性腎臟發炎到洗腎常常是一條不歸路。幸好目前的報告：幹細胞注射治療對慢性腎臟發炎是有些效果的。我們的臨床試驗中有位長期洗腎的糖尿病且罹患前列腺癌的病人，因為體能太差而面臨生命危險，結果以口服 CD34 活性蛋白提升體力長達 7 年之久，雖然持續維持藥物與洗腎治療，但是生活能力及運動，每星期打三次高爾夫球都有體力。可以見得 CD34 活性蛋白提升自體 $CD34^{+}$ 造血幹細胞的最明顯改善狀況是整個生命體的活力。

肝臟

肝臟本身的再生能力是非常好的，所以幹細胞的源頭足夠多，可以接收到 CD34 的再生訊號。我們的臨床試驗中有多位肝癌化療患者，都有不錯的修復力表現。另外值得一提的是一位 80 多歲的老太太罹患 C 肝二十多年，早期打干擾素有不錯的控制，但是到了 80 歲時就無效了，不時的腹水而疼痛劇烈，也因為 3 個月的口服而改善了腹水的發生。

眼睛

眼睛的受損一般來說是不可逆的，尤其是視網膜病變、黃斑部病變、飛蚊症等。我們有幾位多年的黃斑部病變及飛蚊症的案例確實因口服而有改善，但失明多年的案例就只有感光效果，無法恢復視力。所以，保養眼睛要趁早。

乳癌化療

目前的化療標靶等癌症治療方法，對身體的破壞性是很大的，主要是毒性會破壞骨髓的再生功能，以及其他的正常細胞，導致白血球下降、紅血球下降、肝腎發炎上升、腸黏膜吸收不良、口腔黏膜潰爛等現象。

臨床上有幾位乳癌、肝癌、大腸癌的患者，在化療的同時，也以 CD34 活性蛋白（G-CSF+SCF）做為營養補品。一位罹患乳癌第四期的患者，雖然長達五年多的化療（一個月兩次）及標靶（一個月一次），但因服用 CD34 活性蛋白，而並未出現上述副作用症狀，他的白、紅血球數維持正常、肝功能指數正常、口腔未有潰爛，更讓人信心加倍的是，他的皮膚沒有變黑的現象。這是值得進一步探討的幹細胞營養學的研究。

以上提供一些多年來的研究案例心得的分享，也更加深我們推動幹細胞營養學的決心。身體的健康會影響心情，而幹細胞營養學提供一個非常安全的方式，保養自己在人世間的身心靈健康。你們有緣分接收到這樣的訊息，期望能夠一起把這種正能量發送出去，讓自己活在世上的健康身體能夠貢獻出更多的能量，我們盡自己一份綿薄的心力，行動起來傳播出去，造福更多人！

樂活 011

幹細胞營養學
翻轉慢性病的健康密碼

作　　者　林佳靜
協同作者　陳昌平
封面設計　意起創意 張珮萁
內頁編排　菩薩蠻數位文化有限公司
製版印刷　源舜印刷有限公司
企畫編輯　陳彥潔
總 編 輯　吳燕萍
出 版 者　柏樂出版有限公司
服務信箱　bolepublisher@gmail.com
發　　行　易可數位行銷股份有限公司
地　　址　新北市新店區寶橋路235巷6弄3號5樓
電　　話　02-8911-0825

出版日期　2021年10月 初版一刷
定　　價　450元

國家圖書館出版品預行編目(CIP)資料

幹細胞營養學 : 翻轉慢性病的健康密碼/林佳靜作. -- 初版. -- 新北市 : 柏樂出版有限公司出版 : 易可數位行銷股份有限公司發行, 2021.10
304面 ; 17×23公分. -- (樂活 ; 11)

ISBN 978-986-06613-2-3(平裝)

1.幹細胞 2.預防醫學

364　　110014121

柏樂出版Facebook
歡迎按讚加入